Romo Schmidt
Ulrike Häusler-Naumburger
Thomas Dübbert

Hufrehe

Vermeidung · Früherkennung · Heilung

Müller
Rüschlikon

Einbandgestaltung: Kornelia Erlewein

Titelbilder und Foto auf der Umschlagrückseite: Birgit van Damsen

Bildnachweis: Alle Bilder wurden von Birgit van Damsen erstellt, www.vandamsen.tierfoto.homepage.ms

ISBN 978-3-275-01828-4

Copyright © 2012 by Müller Rüschlikon Verlag
Postfach 103743, 70032 Stuttgart
Ein Unternehmen der Paul Pietsch Verlage GmbH & Co. KG
Lizenznehmer der Bucheli Verlags AG, Baarerstr. 43, CH-6304 Zug

1. Auflage 2012

Sie finden uns im Internet unter www.mueller-rueschlikon-verlag.de

Lektorat: Claudia König
Innengestaltung: Kerstin Diacont
Druck und Bindung: Druck- & Medienzentrum Gerlingen GmbH, 70839 Gerlingen
Printed in Germany

Inhalt

Vorwort

Vorwort

Jedes Buch ist eine Momentaufnahme, die den bestehenden Erkenntnisstand und die Erfahrung des betreffenden Themas wiederspiegelt und sich bemüht, weitestgehend aufzuklären und möglichst viele Informationen zu vermitteln.

Die Hufrehe ist eine der komplexesten und kontrovers diskutiertesten Erkrankungen des Pferdes, deren Entstehung und geeignete Therapie von der theoretischen und angewandten Wissenschaft noch immer nicht zweifelsfrei geklärt werden konnten. Deshalb kann auch diese dritte und aktualisierte Auflage nicht alle Wissenslücken schließen.

Unklarheit besteht vor allem weiterhin hinsichtlich der Unterscheidung in akute und chronische Hufrehe und der damit verbundenen Behandlungsmethoden. Die herrschende Lehrmeinung schreibt eine Hochstellung der Trachten als Sofortmaßnahme vor, um eine Hufbeinsenkung beziehungsweise -rotation zu verhindern. In den allermeisten Fällen hat aber zum Zeitpunkt der Diagnose (mittels Röntgenaufnahme) bereits eine Hufbeinsenkung beziehungsweise -rotation stattgefunden, das heißt die Krankheit ist schon im chronischen Stadium angelangt. Dennoch wird meist an der oben genannten Therapie festgehalten, die jedoch ausschließlich im akuten Stadium Sinn macht. Warum? Die Antwort ist einfach: Die bestehende Lehrmeinung ist sowohl versicherungstechnisch als auch bei Rechtsstreitigkeiten maßgebend, was insbesondere die vollständige Wiederherstellung und Einsatzfähigkeit von in der Regel wertvollen Zucht- und Sportpferden angeht. Im Zweifelsfall kann sich der wissenschaftskonform (be)handelnde Tierarzt auf die vorgeschriebene Theorie berufen – auch wenn hierdurch die Heilungschancen eventuell geringer ausfallen.

Tatsächlich ist aber nahezu jeder Fall von Hufrehe individuell und einzigartig in seinem Verlauf, so dass kein pauschales Patentrezept für alle Hufrehefälle gegeben werden kann. Darüber hinaus verbuchen die Vertreter der unterschiedlichen Heilungs- und Behandlungsmethoden mehr oder weniger viele Erfolge bei der Bekämpfung von Hufrehe durch die Art ihrer Therapie und weisen dann auf den medizinischen Grundsatz hin »wer heilt, hat Recht«!

In dieser erweiterten Neuauflage wurden neue Erkenntnisse, Forschungsergebnisse und Erfahrungen über die Hufrehe der vergangenen Jahre zusammengetragen und entsprechend eingefügt. Hierbei wurden sowohl die Neuheiten in der Ursachenforschung und Früherkennung sowie bei den Sofortmaßnahmen ergänzt als auch die medikamentösen Behandlungsmöglichkeiten sowie die Bearbeitung des Rehehufes aktualisiert.

Der Besitzer eines Rehepferdes sollte vollstes Vertrauen in die Behandlungsstrategie seines Tierarztes haben.

Einleitung

Einleitung

Zweifellos gehört die Hufrehe mit zu den schmerzhaftesten Krankheitsbildern beim Pferd, die durch verschiedene Faktoren ausgelöst werden kann.

Uneinigkeit herrscht dagegen über die Therapiemöglichkeiten, die wohl bei keiner anderen Pferdekrankheit so unterschiedlich, zum Teil sogar gegensätzlich, von Tierärzten und Hufschmieden vertreten wird.

Bei einem gemeinsamen Treffen von Tierarzt, Hufschmied und Pferdebesitzer vor Ort, bei dem die therapeutische Vorgehensweise für das unter einer akuten und chronischen Hufrehe leidende Pferd abgestimmt werden soll, treten dann nicht selten solche Meinungsverschiedenheiten über die Art und Weise der Rehebehandlung zutage. Der betroffene Pferdebesitzer ist dann oft ratlos und weiß nicht, wem er glauben kann, für welche Therapie er sich entscheiden soll, um seinem leidenden Pferd wirklich zu helfen.

Es stellt sich die Frage, ob die zurzeit bestehende Lehrmeinung an den Universitäten und Lehrschmieden in ihrer Gesamtheit noch zeitgemäß ist und nicht in einigen Aspekten aufgrund neuster Erkenntnisse aus dem In- und Ausland überdacht werden sollte.

Besonders die Hufschmiede und ihre Ausbilder: In nur wenigen Ländern Europas geht deren Ausbildung, speziell in Bezug auf die Beherr-

Nicht immer werden Pferdebesitzer umfassend über Hufrehe und ihre Behandlungsmöglichkeiten informiert.

Übeltäter Übergewicht

Erwiesenermaßen sind übergewichtige Pferde besonders gefährdet an Hufrehe zu erkranken, entweder als direkte Folge einer Futterrehe durch eine permanente übermäßige Zufuhr von Kohlenhydraten (Stärke, Fruktan) oder infolge einer Insulinresistenz, wie sie für das Equine Metabolische (EMS) und das Equine Cushing Syndrom (ECS) typisch ist. Die dramatische Zunahme dieser beiden Stoffwechselerkrankungen unter anderem als Folge des Übergewichts erklärt auch die steigende Zahl von Rehefällen insbesondere bei leichtfuttrigen Pferden beziehungsweise Rassen. Häufig erkranken die Pferde zunächst an dem Equinen Metabolischen Syndrom und dann am Equinen Cushing Syndrom, das auch immer häufiger jüngere Pferde betrifft.

Die Krux: Gerade beim Cushing Syndrom sind die Symptome sehr vielfältig und nicht eindeutig, sodass viele Pferdebesitzer eine solche Stoffwechselstörung gar nicht erst vermuten, geschweige denn labordiagnostisch abklären lassen. Bei immer wiederkehrenden Reheschüben ungeklärter Ursache, die zudem meist leicht verlaufen, weil der erhöhte körpereigene Kortisolspiegel quasi als »Schmerzmittel« fungiert, sollte aber unbedingt eine Bestimmung des ACTH-Wertes (Adrenokortikotropes Hormon) durchgeführt werden.

Typisch: Bei ECS kann es auch sein, dass die Hinterhufe mehr betroffen sind als die Vorderhufe. Beim reheanfälligen dicken Pferd sollte aber auf jeden Fall der Insulinwert bestimmt werden, vor allem dann, wenn es trotz Reduktionsernährung gewichtsmäßig immer weiter zulegt.

schung alternativer Hufschutzmethoden und die fachgerechte Bearbeitung von Rehehufen, nach wie vor schleppender voran als in Deutschland. Nicht von ungefähr entwickelten und entwickeln sich daher eine so große Anzahl alternativer Ausbildungsstätten hinsichtlich der Hufbearbeitung von Pferden, die die Nische der Barhufbearbeitung generell, vor allem aber neuer Hufschutzvorrichtungen und orthopädischer Hufbehandlungen im Hufrehegeschehen mit Recht ausfüllen.

Dieses Buch soll helfen, die Krankheit zu verstehen und zu vermeiden, sie möglichst schnell zu erkennen, die richtigen Sofort- und Therapiemaßnahmen einzuleiten, um so das Leid des Tieres zu dezimieren und es gesunden zu helfen.

Auf der Grundlage neuester Erkenntnisse und nachweisbarer Erfolge soll versucht werden, eine Art Therapiekonzept zu erstellen, welches die herkömmliche Lehrmeinung zumindest in Teilen in Frage stellt und dem Leser anhand von Fallbeispielen helfen soll, die richtige Entscheidung zu treffen.

Dennoch kann kein für alle Hufrehefälle gültiges Patentrezept erstellt werden, da der Entwicklungsprozess bei fast jeder Hufrehe unterschiedlich verläuft und daher immer individuell vom Tierarzt und Huffachmann betrachtet und medizinisch sowie mechanisch einzigartig behandelt werden muss.

Historische Zeichnung eines an Hufrehe erkrankten Pferdes.

Historischer Rückblick

Historischer Rückblick

Erste Hinweise auf Hufrehe finden sich schon bei den antiken Griechen und Römern, wo sie mit dem lateinischen Wort *laminitae* bezeichnet wurde. In Europa lassen sich genauere Darstellungen erst ab dem 13. Jahrhundert aufspüren. Im Deutschland der »Stallmeisterzeit« (1300 bis 1750) als *Hufverschlag, Rähe* oder *Verfangen* benannt, im Frankreich der Epoche des Obskurantismus ab dem 15. Jahrhundert als *fourbure* (aus dem französischen Wort forboire = viel Trinken) und in England als *lamintis* oder *laminite*.

Allen Ländern und Epochen war gemein, dass es den Beruf des Tierarztes noch nicht gab und sogenannte »Stallmeister« oder »Marstaller« die Aufgabe der Krankheitsbehandlung innehatten.

So ist es nicht verwunderlich, dass man dieser damals noch rätselhaften, kaum therapierbaren und äußerst schmerzhaften Erkrankung des Pferdes in Zeiten dunkelsten Okkultismus, Hexenverfolgung und Aberglauben mit den schlimmsten und fragwürdigsten Behandlungsformen begegnete:

Zum Beispiel wurden in Deutschland als gebräuchliches Mittel gegen Hufrehe im 14. Jahrhundert die Hufsohlen entfernt. Im Frankreich des 17. Jahrhunderts band man die Sprunggelenke mit Seilen zusammen, um die Gliedmaßen zu entspannen und das Herabrutschen der Rehe nach unten in die Hufe zu verhindern, oder das Absperren der Adern im Bereich der Fessel. Auch wurden die Pferde kurzerhand an den Beinen aufgehängt, um das Blut aus den Hufen wieder in den Körper laufen zu lassen.

Üblich im Europa des Mittelalters war außerdem der übermäßige Einsatz von Aderlässen, nicht nur beim Menschen, sondern auch beim Pferd, bei allen möglichen Krankheiten, jedoch besonders bei der Hufrehe.

Da man in diesen Zeiten – im Gegensatz zu heute – sehr stark vom Arbeitstier Pferd abhängig war, entwickelten sich aber auch mehr oder weniger sinnvolle Therapien, um die Krankheit in den Griff zu bekommen. Interessant sind die Therapievorschläge von *de Garsault* im 18. Jahrhundert, »im Augenblick der Wahrnehmung einer fourbure (= Hufrehe) das Pferd am Hals zu Ader zu lassen und es sofort bis zu den Knien in kaltes Wasser zu stellen, eine halbe Stunde zu warten und bevor es zu zittern beginnt, den Vorgang abzubrechen und die Vene zu schließen«. Auch wurden Diäten verordnet, zum Beispiel »kleine Rationen vom Kleie mit weißem Wasser« in Verbindung mit Trockenmassagen der Gliedmaßen sowie Einläufe. Aber auch scheinbar groteske Rezepte bestehend aus weißen Zwiebeln mit »demi-septiers Weißwein« und »Taubendreck«, zusammen verrührt und dem kranken Pferd eingegeben, waren an der Tagesordnung.

Im Großen und Ganzen waren Behandlungserfolge durch das Fehlen genauer Kenntnisse rein zufälliger Natur und fanden eher nach dem Motto statt: »Pferde, die diese Behandlung überstehen, überstehen auch eine Hufrehe.«

Neben solchen Eingriffen wurden auch Maßnahmen an den erkrankten Hufen vorgenommen. So beispielsweise die Anweisung, »die Gliedmaßen mit Essig und Salz zu frottieren und den Kronrand mit Terpentinöl einzureiben«. Oder »Ruß mit Essig verdünnen und die Krone mit dieser Mischung eincremen. Außerdem heißes Lorbeeröl auf die kranke Hufsohle schütten oder Schweinekot mit Essig«.

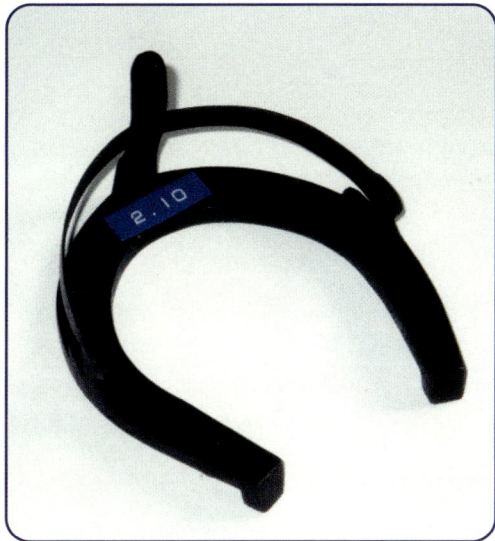

*Nagelloser »Rehebeschlag« nach
Gaurnau und Pauli, 1840.
Aus den Sammlungshufeisen des Instituts
für Tiermedizin und Tierhygiene der
Universität Hohenheim bei Stuttgart.*

Ursachen

*Als Ursachen für eine Hufrehe
wird in dem bis heute (!) gültigen Standardwerk »Lehr- und
Handbuch der Hufbeschlag-
kunst« aus dem Jahr 1861
(Groß, Tierarzneischule zu
Stuttgart) unter anderem Er-
kältungen jeder Art genannt,
starke Zugluft, heftige Winde
(Windrehe), schnell eintreten-
des Regenwetter, kaltes
Getränk, Schwemmen in kaltem Wasser (Wasserrehe) und
dergleichen. Daher würde
diese Krankheit auch öfters
bei unsteter Witterung im
Früh- und Spätjahr, besonders
bei Pferden mit feinen Haaren
und empfindlicher Haut beobachtet.*

War die Rehe dann nicht mehr so schlimm, sollte das Pferd für gewisse Zeit mit Antimonpuder gefüttert werden (zwei Unzen von Antimon) mit feuchter Kleie.

Vielen Überlieferungen gemein ist die Ansicht, dass die Hufrehe ein wahres Unheil darstelle und nur wenige Pferde nach dieser Krankheit wieder so einsatzfähig seien, wie zuvor. So sei sicher, »dass die beste Arbeit für geheilte Pferde und nachdem sie durch einen Beschlag so gut wie möglich erleichtert wurden, das Pflügen von Ackerland« sei. Außerdem sei auf die Hufe mit »leichtem Beschlag Teer zu verschmelzen«.
Das Laufen auf Ackerboden und das Füllen der Sohle mit Teer können durchaus im Rahmen des damaligen Kenntnisstandes als sinnvolle Metho-den anerkannt werden und zeigen **die Anfänge aktueller Überlegungen und Methoden**, die darin bestehen, die Hufwand zu entlasten und die gesamte Hufsohle zum Tragen der Last her-anzuziehen.

Der Pariser André Sanson empfahl 1882, dass »empirische Eisen den Effekt haben, das Übel zu unterhalten und die Auswirkung zu vergrößern. Die gesamten breiten, verlängerten, gewölbten usw. Eisen, die uns die Vergangenheit vererbte, auch wenn es den echten Praktikern nicht gefällt, sollten von nun an in Hufschmiedemuseen ruhen«. Auch diese Vordenker-Idee geht in die richtige Richtung, wie wir heute wissen.

Hufrehe erkennen

Hufrehe erkennen

Das rechtzeitige Erkennen einer Hufrehe ist für die Dauer und die Heilungschancen außerordentlich wichtig! Das heißt, je eher eine Rehe erkannt und behandelt wird, desto rascher geht sie vorbei und desto größer ist die Chance auf ein vollständiges Auskurieren dieser Erkrankung. Hierzu ist allerdings erforderlich, sich gewisse Grundkenntnisse über Hufrehe anzueignen. Man muss also wissen, was diese Krankheit eigentlich ist, welche Risikopatienten es gibt, welche Symptome typisch sind, welche verschiedenen Faktoren diese Erkrankung auslösen können, wie sie abzustellen sind und wie ihre Auswirkungen auf das Pferd aussehen.

Was ist eine Hufrehe?

Hufrehe ist allgemein definiert als eine Entzündung der im Huf befindlichen Huflederhaut, speziell der Lederhautblättchen im Bereich der Zehenwand. Sie befällt die Hufe des Pferdes, in der Regel beide Vorderhufe, selten auch die Hinterhufe. Die Huflederhaut stellt die Verbindung zwischen dem Hufhorn (außen) und dem Hufbein (innen) dar und kann als Zentrum des Hufes bezeichnet werden. Die Verbindung zwischen Hufhorn und Lederhaut besteht aus zahnradartigen Blättchen. Entzünden sich diese Blättchen durch bestimmte Vorgänge des Stoffwechsels im Pferdekörper, entsteht wie bei allen Entzündungen eine Schwellung. Wegen der festen Hufwand an den Seiten, der stabilen Sohle nach unten und des knöchernen Hufbeins nach innen kann sich die Schwellung nicht ausdehnen, was die hochgradi-

Pferd mit akuter Hufrehe in unverkennbarer Haltung

gen Schmerzen erklärt. Bleibt die akute Entzündung längere Zeit bestehen (über 48 Stunden), was bereits als chronische Hufrehe bezeichnet wird, löst sich die Huflederhaut zwischen Hufhorn und Hufbein.

Infolge der in diesem Bereich bestehenden hohen Gewichtskräfte bewirkt diese Loslösung folgende Lageveränderungen des Hufbeins:

- 1) bei leichteren Fällen eine geringe Absenkung des Hufbeins insgesamt mit deutlicher Verminderung der Viskosität der Gelenkflüssigkeit und gleichzeitiger Vergrößerung des Hufgelenkspalts mit vermehrter Füllung.
- 2) eine Rotation um das Hufgelenk mit Absenkung der Hufbeinspitze zur Sohle hin.
- 3) in einigen Fällen eine Kombination aus Absenkung und Rotation.
- 4) in seltenen Fällen nur eine Absenkung ohne Rotation.

Im weiteren Verlauf der Hufrehe flacht die Hufsohle ab und drückt auf den Boden. Die äußere, vordere Hufwand wölbt sich nach innen und wird konkav. Es entstehen tiefe Rillen rings um den Huf. In schweren Fällen kann das Hufbein durch die Sohle treten, was als Hufbeindurchbruch bezeichnet wird.

Schließlich kann ohne rechtzeitige Hufbehandlung ein Knollhuf entsehen. Im schlimmsten Fall löst sich die Hufkapsel vom Hufbein, was als »Ausschuhen« bezeichnet wird.

Welche Pferde sind gefährdet?

Eine klare Zuordnung von Risikogruppen bei Hufrehe gibt es nicht. Es kann jedes Pferd betreffen, zu jeder Zeit, bei jeder Haltung. Es scheint sich jedoch die Tendenz abzuzeichnen, dass hin-

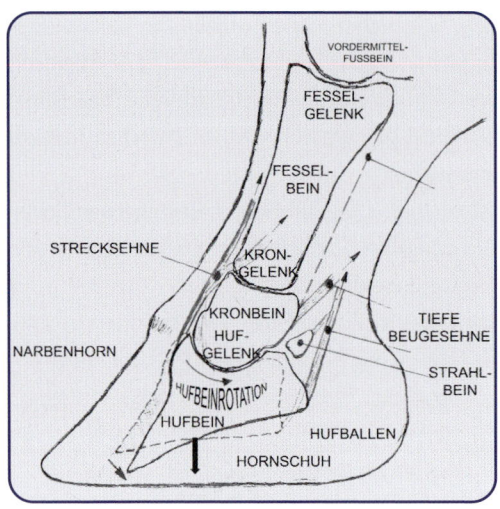

*Schematische Darstellung
Hufbeinrotation*

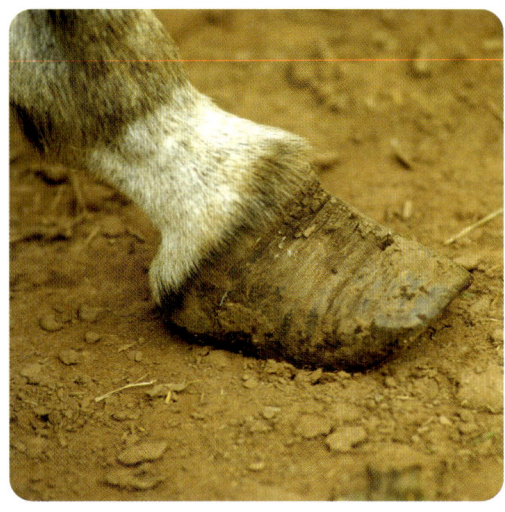

*Vernachlässigter Rehehuf eines Esels
mit Knollhufbildung*

sichtlich der Futterrehe besonders leichtfuttrige und übergewichtige Pferde anfällig sind.

Auch die Art und Weise, wie gewisse Umstände auf das betroffene Pferd in bestimmter Form einwirken, lassen ein erhöhtes Risiko vermuten: Die Aufnahme großer Mengen bestimmter Futtermittel bei einem ohnehin zu dicken Pferd mit wenig Bewegung und schlechten Hufen begünstigt beispielsweise eine Futterrehe. Kommen dann noch verstärkende **Katalysatoren** wie beispielsweise Erregungszustände, psychische Belastungen oder eine Kolik dazu, kann die Krankheit ausbrechen. Bei einem schlanken Pferd mit kontinuierlicher Bewegung und guten Hufen kann dieselbe Futtermenge hingegen möglicherweise keinen Schaden anrichten.

Als eindeutige Risikogruppen können nur folgende Pferde benannt werden:
- Stuten mit Nachgeburtsverhalten
- Pferde mit Kreuzverschlägen
- Pferde mit Intoxikationen (= Vergiftungen) durch innere Ursachen wie zum Beispiel schwere Koliken oder Vergiftungen von außen (verdorbene Futtermittel, Giftpflanzen, Dünger)
- Pferde, die plötzlich mit großen Mengen Kohlenhydraten (und zusätzlich Eiweißen) belastet werden (Beginn der Weidesaison, Kraftfutterumstellung in Art und Menge)
- Pferde mit Hormon- bzw. Stoffwechselerkrankungen (EMS, ECS).

Wie erkennt man eine Hufrehe?

Eine sich entwickelnde Hufrehe rechtzeitig zu erkennen, ist für einen Pferdebesitzer, der zuvor noch nie mit dieser Thematik konfrontiert war, außerordentlich schwierig. Vor den deutlichen Anzeichen der Huflederhautentzündung (akute Phase) mit Wärme und verstärkter Pulsation der Zehenseitenarterien erscheinen oft zunächst einmal nur unterschwellige Symptome.

Vor allem übergewichtige Pferde laufen Gefahr, eine Hufrehe zu bekommen.

Zu Beginn einer Hufrehe fühlen sich die Hufe noch nicht warm an.

Die Temperatur der Hufe erscheint beim Handauflegen normal, ja sogar **etwas kühler als normal**. Das ist auf die verminderte Durchblutung der Hufe in dieser frühen Phase zurückzuführen. Ursächlich für das Absinken der Temperatur sind die Mechanismen, die eine gefäßverengende und durchblutungsmindernde Wirkung hervorrufen.

Der sich häufiger vor den deutlichen Symptomen in der Anfangsphase der Hufrehe einstellende **klamme und steife Gang** lässt einen Pferdebesitzer und sogar manchen Tierarzt zunächst nicht unbedingt eine beginnende Hufrehe vermuten. Man nimmt als Ursache daher eher eine »normale« Huflederhautentzündung an, wie sie beispielsweise nach der Umstellung von Beschlag auf Barhuf oder durch eine übermäßige Hufabnutzung beziehungsweise ein zu starkes Auswirken durch den Hufschmied vorkommen kann. Auch Erkrankungen der Muskulatur am Rücken, am Bauch oder Quetschungen des Rückenmarks

nach einem Sturz können einen klammen oder steifen Gang des Pferdes erzeugen.

Wenn man noch keine »Bekanntschaft« mit Hufrehe gemacht hat, wird man sein Augenmerk in dieser frühen Phase vermutlich zunächst eher auf derartige Ursachen richten.

Und genau diese Umstände stellen das eigentliche Problem der Früherkennung dar. Denn die typischen ersten und unverfälschlichen Symptome der Hufrehe, nämlich das weite Vorstrecken der Vorderbeine und des Kopfes, die Gewichtsverlagerung auf Trachten und Ballen der Vorderhufe, die Wölbung des Rückens und das Vorschieben der Hinterbeine nach vorne bis unter den Schwerpunkt des Pferdes, um das Gewicht, das üblicherweise von den Vorderbeinen getragen wird, zum größten Teil auf die Hinterbeine zu verlagern, können **nicht**, wie so oft in der Literatur beschrieben, **als Glück im Unglück** bezeichnet werden! Denn zu diesem Zeitpunkt ist das »Kind schon in den Brunnen gefallen«. Wenn diese Symptome auftreten, ist der ganze Prozess einer Hufrehe bereits in vollem Umfang im Gang.

Weitere Symptome in der akuten **Anfangsphase** der Hufrehe können sein:
- erhöhte Atmung und Puls
- gegebenenfalls Temperaturanstieg um ein bis zwei Grad
- geschwollener beziehungsweise ausgedehnter und erwärmter Kronrand (Innendruck)
- Druckempfindlichkeit der betroffenen Hufe von unten z.B. beim Laufen über steinige Böden
- vermehrter Wendeschmerz bei engen Drehungen und
- ein sichtlich gestörtes Allgemeinempfinden mit Angstzuständen.

Früherkennung durch Infrarot-Thermographie

In einem Rehehuf entstehen je nach Krankheitsstadium infolge einer mangelnden Durchblutung (Ischämie, Blutleere) oder übermäßigen Durchblutung (Entzündung) bestimmte Temperaturunterschiede. Im Frühstadium (akutes Stadium) einer Hufrehe besteht zunächst in bestimmten ausschlaggebenden Bereichen des Hufes durch das Zusammenziehen der Blutgefäße eine Mangeldurchblutung mit kalten Bereichen. Diese werden durch die Infrarot-Kamera mit einer bläulichen Farbe sichtbar gemacht. Hiernach oder auch gleichzeitig entstehen entzündete Bereiche (Huflederhaut, Lamella) mit Wärme, die auf dem Bild rot dargestellt sind. Allerdings kann eine Beurteilung dieser Wärmebilder nur durch den behandelnden Tierarzt erfolgen, da die Zusammenhänge auch in diesem Bereich sehr komplex

sind. Dr. Tracy Turner (Minnesota, USA) sieht dabei fünf Kriterien, die bei dem Wärmebild eines Rehehufes gleichzeitig beurteilt werden müssen, um eine verlässliche Diagnose zu stellen: Wärme (heat), Rötung (redness), Schmerz (pain), Schwellung (swelling) und Bereiche mit Funktionsverlust (loss of function). Auch könnten aussagekräftige Erkenntnisse aus der Infrarot-Thermographie nur gewonnen werden, wenn man die Hufe in bestimmten Abständen erneut thermographiert, um die zeitliche Entwicklung des Wärmegeschehens zu verfolgen und zu bewerten. Zusätzlich müssen bei den Messungen standardisierte Bedingungen bestehen, also immer gleiche Kälte-/Wärme-Umweltbedingungen (also nicht im Winter beim ersten Mal auf der kalten Stallgasse und das zweite Mal im warmen Behandlungsraum einer Klinik).

Inzwischen gibt es sogenannte »Pyrometer«. Das sind berührungslose Strahlungsthermometer auf der Basis von Infrarot-Strahlung, die wenig Geld kosten. Mit deren Hilfe werden Temperaturunterschiede in den Hufen gemessen. Wichtig seien dabei nicht die absoluten Temperaturen, sondern »vergleichende Temperaturmessungen« an verschiedenen Bereichen des Hufes (vom Kronrand bis zum Tragrand am Boden). So könne sich der Pferdebesitzer zu einer bestimmten Zeit, in der er zum Beispiel einen neuen Reheschub seines chronischen Rehepferdes befürchtet, durch tägliche Messungen und durch Vergleiche dieser, das Entstehen einer Hufrehe beziehungsweise eines Reheschubes bereits im Frühstadium erkennen und entsprechend handeln. Genauere Untersuchungen oder Ergebnisse über dieses Früherkennungsverfahren bei Hufrehe konnten von uns allerdings bis zum jetzigen Zeitpunkt noch nicht recherchiert werden.

Die verschiedenen Typen der Hufrehe und ihre Auslöser

Die Ursachen, die zu einer Hufrehe führen können, sind – wie bereits erwähnt – überaus unterschiedlich. Grundsätzlich gibt es zwei übergeordnete Formen, zum einen innere Ursachen infolge Vergiftung oder Stoffwechselstörung und zum anderen äußere Einflüsse, wie mechanische Beanspruchungen der Hufe und andere Faktoren. Am meisten verbreitet und bekannt ist die Hufrehe, die durch die Aufnahme von übermäßigem oder »falschem« Futter entsteht, die **Futterrehe**. Weniger geläufig ist die Hufrehe, die im Zusammenhang mit einer Fohlengeburt entstehen kann und die durch den Begriff der **Geburtsrehe** definiert ist. Eine **Belastungsrehe** (traumatische Rehe, »Stallrehe«) hingegen wird ausgelöst durch mechanische Vorgänge zwischen den Hufen und dem Boden beziehungsweise Untergrund. Von einer **Vergiftungs- und/oder Medikamentenrehe (Intoxikationsrehe)** spricht man, wenn eine Hufrehe durch Verabreichung bestimmter Medikamente entsteht oder das Pferd gewisse Stoffe, zum Beispiel Pilzgifte, mit der Nahrung aufnimmt, die stoffwechselbedingte Kettenreaktionen auslösen. Schließlich kann eine Hufrehe noch durch Erregungszustände, infolge Koliken, Darmentzündungen oder Durchfallerkrankungen, durch hormonelle Vorgänge beziehungsweise Hormonstörungen sowie durch stoffwechsel- und durchblutungsbeeinflussende Ereignisse wie zum Beispiel Blitzschlag entstehen.

Häufig kann auch eine Aneinanderreihung ungünstiger Faktoren bei der Entstehung einer Hufrehe auslösend sein. Hierdurch ist eine eindeutige Ursachenbestimmung oftmals schwierig. Also zum Beispiel die Kombination von unsachgemäßer oder übermäßiger Futteraufnahme mit nachfolgender Kolik oder eine Lahmheit durch übermäßige Belastung mit anschließender medikamentöser Behandlung durch den Tierarzt.

Die Folgen der meisten genannten Auslöser sind aber immer gleich: Durch eine Entgleisung des Stoffwechsels werden im Pferdekörper bestimmte Substanzen freigesetzt, die Hufrehe auslösen beziehungsweise die für die entzündlichen Erscheinungen der Huflederhaut verantwortlich sind.

Die Futterrehe

Bevor auf die verschiedenen Futtermittel im Einzelnen und ihre Auswirkungen auf das Hufrehegeschehen eingegangen wird, soll die sich historisch veränderte Ernährungsweise des Pferdes kurz umrissen werden.

Die Ahnenreihe des Pferdes reicht ohne wesentliche Lücken rund 50 Millionen Jahre bis ins Eozän zu jenem berühmten, nur katzengroßen, mit mehreren Zehen ausgestatteten Tier namens Eohippus zurück. Diese Urpferde hatten ein bestimmtes Muster der Futteraufnahme entwickelt. Das Futter bestand aus Gräsern, Kräutern, Blättern, Holzzweigen und anderen pflanzlichen Stoffen. Diese Nahrung wurde den ganzen Tag und die Nacht kontinuierlich und in kleinen Mengen aufgenommen. Dabei haben sich sein Verdauungsapparat sowie sein Fressverhalten im vergleichsweise kurzen Zeitraum seiner Domestikation von einigen tausend Jahren gegenüber seinen Vorfahren kaum verändert. Einzig seine Futteraufnahme hat sich aufgrund der Nutzung durch den Menschen und damit seines erhöhten Bedarfs an Energie gewaltig umgestaltet: Wenig Mahl-

Wenige, dafür üppige Kraftfuttermengen stellen ein großes Problem im Hufrehegeschehen dar!

Getreideprodukten. Ebenso hat sich aber auch die Struktur beziehungsweise die Beschaffenheit des Futters verändert. Während die Wildpferde viel faserhaltige Stoffe mit einem dauernden Kauprozess zu sich nahmen, erhält das heutige Pferd in Form von Kraft- beziehungsweise Krippenfutter vorzerkleinerte Getreidekörner, vermahlen oder in konzentrierter, pelletierter Form. Die ursprüngliche Beschaffenheit des Futters ist dabei weitgehend verloren gegangen.

All diese Veränderungen der Futterbeschaffenheit, Zusammensetzung und Futterpraktiken stellen gegenüber seinen historisch entwickelten Bedürfnissen Gesundheitsgefährdungen des Verdauungsapparates dar.

Entgegen der allgemeinen, weit verbreiteten und traditionellen Meinung entsteht eine Futterrehe nicht ausschließlich durch die erhöhte Aufnahme von **eiweißhaltigen** Futtermitteln, sondern die Vorgänge, die dazu führen, sind komplexer. Inzwischen sind eine ganze Reihe von Fachleuten (unter anderem Prof. Zeyner, Uni Leipzig) übereinstimmend der Meinung, dass Pferde durchaus eine kurzfristige und erhebliche Aufnahme von **Eiweiß** über die Fütterung ohne Schaden überstehen und verkraften können. Auf die Auswirkung durch eine übermäßige Aufnahme von Eiweiß wird in dem Abschnitt »Vermeidung einer Futterrehe« noch eingegangen.

Problematisch bezüglich der Hufrehe ist vor allem ein hoher Anteil von **Kohlenhydraten**, besonders Stärke und Zucker. Diese Kohlenhydrate sind entweder in einigen Futtermitteln in zu hohem

zeiten, dafür üppig und reich an Kohlenhydraten und Eiweiß.

Der hohe Bedarf an kurzfristig verfügbarer Energie kann bei einem sogenannten »Sport- und Leistungspferd« nicht allein durch Gras, Heu und Stroh bewerkstelligt werden, sondern wird ergänzt durch Kohlenhydrate, wie Stärke und Zucker, aus

Maß enthalten oder werden absichtlich zugefüttert wie zum Beispiel Gerste.

Kohlenhydrate sind eine Gruppe von Hauptnährstoffen, die den wesentlichen Anteil der sogenannten Trockenmasse der pflanzlichen Futtermittel bilden.

Es gibt folgende Hauptgruppen:
- Einfachzucker
- Zweifachzucker (Milchzucker, Saccharose, Maltose)
- Mehrfachzucker (Stärke, Zellulose, Glykogen, Fruktan)
- Heteroplysaccharide (Pektine, Hemizellulosen)

Die Kohlenhydrate sind gleichsam der »Brennstoff« für den Organismus (Energielieferant). Der Abbau erfolgt bereits durch Enzyme im Speichel (Brot schmeckt »süß«). Bei der weiteren Verdauung (Magen, Dünndarm, Dickdarm) werden sie bis zu den Einfachzuckern verstoffwechselt. Außerdem dienen Kohlenhydrate der Bildung von Fettstoffen (»Dickmacher«).

Für das Auslösen der Futterrehe sind große Mengen Kohlenhydrate verantwortlich, die nicht durch Magen und Dünndarm vorverdaut in den Dickdarm gelangen.

Zum besseren Verständnis werden die Verdauungsvorgänge von Kohlenhydraten beim Pferd erklärt:

Im Dickdarm des Pferdes existiert unter normalen Bedingungen eine Vielfalt von Bakterien. Diese Bakterien stehen in Art und Menge in einem natürlichen Gleichgewicht und erfüllen eine ganze Reihe von Funktionen:

- 1) Die für uns im Zusammenhang mit der Hufrehe wichtigste Funktion ist die weitere Aufspaltung von Futtermitteln.
- 2) Sie halten die Waage zwischen »krank machenden« und »nicht krank machenden« Keimen (Bakterien, Pilze u.a.).

Magen-Darm-Kanal des Pferdes (Übersicht nach Ghetie, 1955)

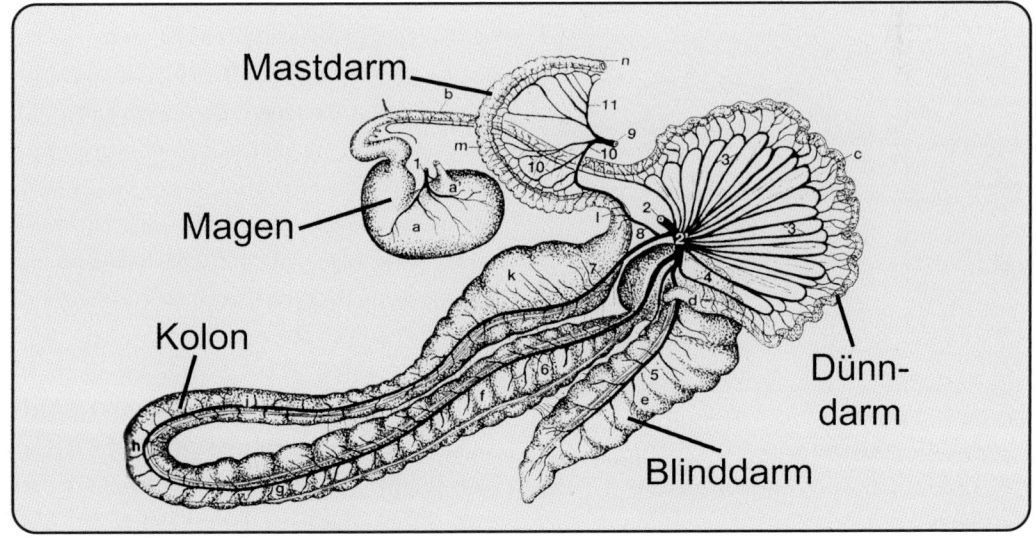

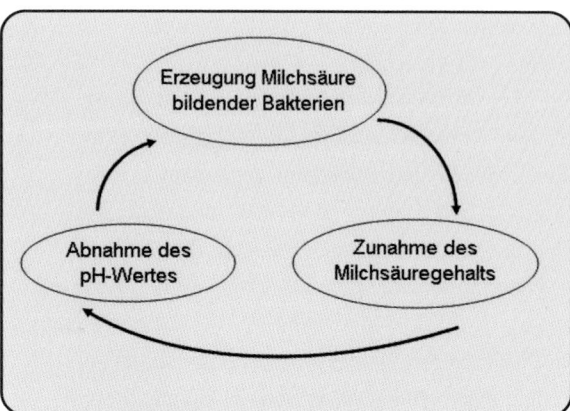

Kreislauf der Übersäuerung im Dickdarm des Pferdes infolge vermehrter Fütterung durch stärkehaltiges Getreide.

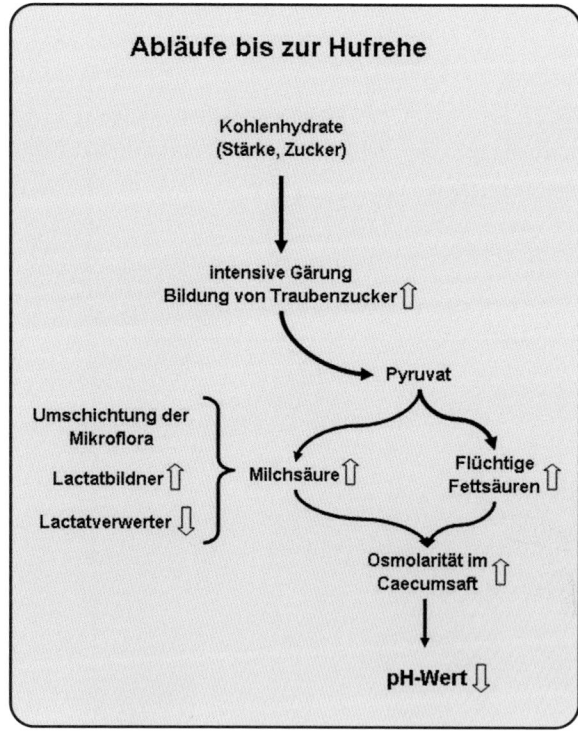

Grafik aus »Risiko Gras – Realität oder übertriebene Befürchtung?« M. Coenen, I. Vervuert, Tierärztliche Hochschule Hannover.

zu 1): Kurzer Überblick über die Kohlenhydratverdauung des Pferdes:

- die erste Aufspaltung der Kohlenhydrate erfolgt bereits in der Maulhöhle durch das im Speichel befindliche Enzym **Amylase**
- Enzymatische Verdauung im Magen: Verdauung der Kohlenhydrate im Magen durch Enzyme aus dem Futter und bakterielle Mikroorganismen
- Verdauung im Dünndarm: Der nächste wesentliche Verdauungsvorgang wird im Dünndarm durch körpereigene Enzyme ergänzt
- Dickdarm (Blinddarm, großes und kleines Kolon, Mastdarm): Man bezeichnet Blinddarm und das Kolon als Gärkammer. Dort werden hauptsächlich Rohfasern und Bakterien zersetzt, aber auch andere vom Dünndarm noch nicht ausreichend verdaute Nährstoffe

Was passiert nun im Dickdarm, wenn ein Pferd große Mengen von Kohlenhydraten aufgenommen hat?

Bei einer übermäßigen Aufnahme gelangen einige der Kohlenhydrate unverdaut durch Magen und Dünndarm in den Dickdarm.

Hier bieten sie ein vorzügliches Futter für die immer in Lauerstellung befindlichen, unerwünschten säurebildenden Bakterien. Diese vermehren sich nun in wenigen Stunden sehr stark, der ph-Wert (pondus hydrogenii = Gewicht des Wasserstoffs (Säure-Basen-Wert)) des Darminhalts sinkt in den sauren Bereich (von 7.0, normales Milieu bis 6.0, saures Milieu). Dadurch sterben die Nutzbakterien plötzlich in großen Mengen ab.

In ihren Zellwänden befinden sich Giftstoffe (Endotoxine), die normalerweise verkapselt sind. Beim Tod der Bakterien aber werden sie freigesetzt, dringen durch die Darmwand in den Blut-

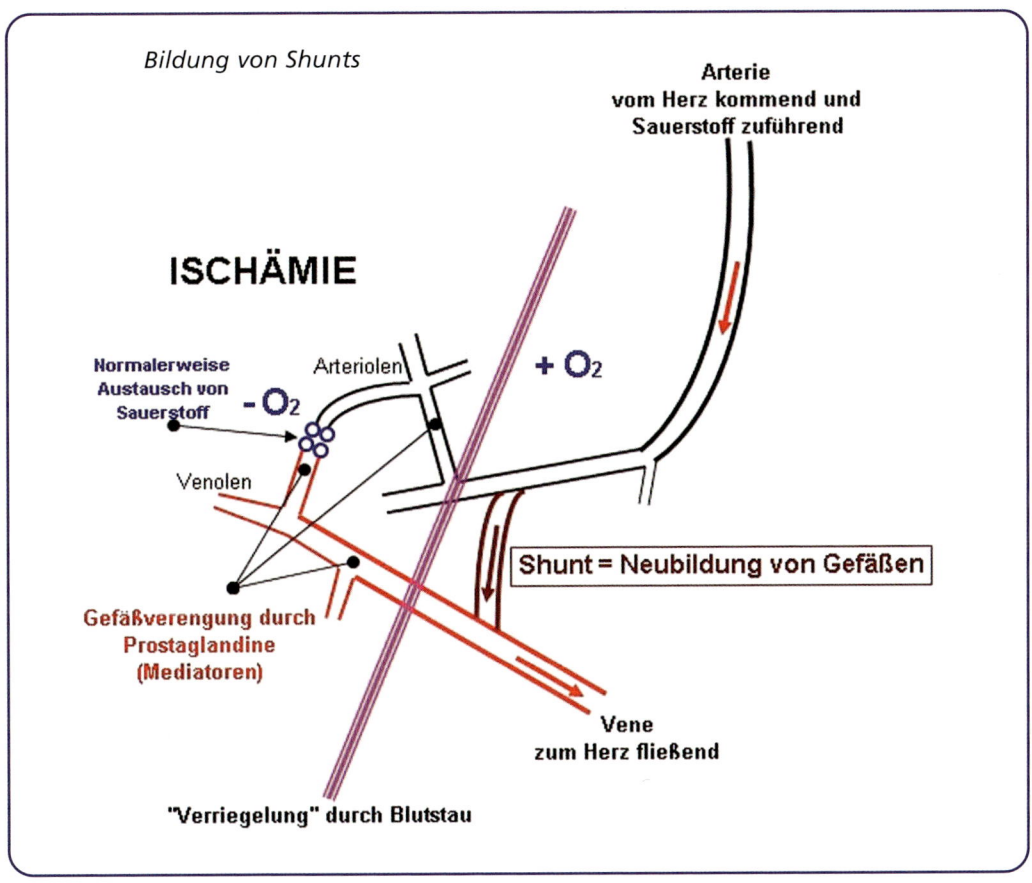

Bildung von Shunts

ISCHÄMIE

Arterie vom Herz kommend und Sauerstoff zuführend

Normalerweise Austausch von Sauerstoff $-O_2$

Arteriolen

$+O_2$

Venolen

Shunt = Neubildung von Gefäßen

Gefäßverengung durch Prostaglandine (Mediatoren)

Vene zum Herz fließend

"Verriegelung" durch Blutstau

kreislauf und lösen – im Huf angekommen – eine verhängnisvolle Reaktion aus. In deren Ablauf entstehen offenbar große Mengen feinster Blutgerinnsel, die sich bevorzugt in den Blutgefäßen der Huflederhaut festsetzen. In der Folge kommt es zu zahlreichen kleinsten, infarktähnlichen Bereichen mit starker Mangeldurchblutung. Überdies bewirkt die generelle Übersäuerung des Körpers ein zusätzliches Zusammenziehen der Blutgefäße mit Bildung von arteriellen »Shunts« (engl.: = Weiche, Nebenanschluss). Das Resultat ist so oder so eine schwere, schmerzhafte Entzündung der Lederhaut.

Hinsichtlich des Hufrehegeschehens ist hierbei vor allem das reiche Angebot eines bestimmten Kohlenhydrats aus dem Getreide, nämlich der **Stärke**, von wesentlicher Bedeutung. In der heutigen Fütterung werden Sportpferden bis zu einem Drittel, Rennpferden sogar bis zu 40 Prozent der Energie in Form von Getreidestärke angeboten.

Das Pferd kann aber – bedingt aus seiner Entwicklung – im Vergleich zu anderen Tierarten (beispielsweise Fleischfresser) nur beschränkt die für die Verdauung wichtigen Enzyme bilden (verminderte Stärkeverdauung). Die Verdauung der Stärke

muss allerdings vollzogen werden und geschieht nicht wie von der Natur vorgesehen in dem dafür zuständigen »vorderen Verdauungstrakt«, also dem Magen-Dünndarm-Bereich, sondern im »hinteren Verdauungstrakt«, dem Dickdarm mit seinen Bestandteilen Blinddarm, Grimmdarm und Mastdarm. Diesen Verdauungsvorgang nennt man »mikrobielle Fermentation«.

Es soll an dieser Stelle aber nicht weiter auf diese komplexen Prozesse eingegangen werden. Wichtig ist nur, dass diese Mikroorganismen im »hinteren Verdauungstrakt« eigentlich nur darauf eingestellt sind, rohfaserhaltige Kohlenhydrate wie Rau- und Saftfuttermittel mittels Enzymen aufzuspalten und weniger die ihm zugeführte konzentrierte stärkereiche Nahrung.

Im Folgenden werden einige Kraftfuttermittel aufgezählt, die in diesem Zusammenhang als besonders problematisch einzustufen sind.

Weizen, Gerste, Hafer und Mais

Es gibt Unterschiede zwischen den Getreidearten in Bezug auf die Verdaulichkeit im Magen-Darm-Bereich. Dabei scheint erwiesen (Prof. Meyer, Blaiton), dass die Stärke aus Hafer im Dünndarm wesentlich besser verdaut wird als die von Gerste oder Mais, also die Gefahr des Übergangs unverdauter Stärke beim Hafer in den Dickdarm geringer ist als bei Gerste und Mais. Hinweise hierfür liefern auch Redewendungen aus der Stallmeisterzeit wie »von Mais bekommen Pferde Hufrehe« oder »Gerste macht dicke Beine«.

Das trifft allerdings nur dann zu, wenn zu viel Mais oder Gerste gefüttert wird. Denn traditionell werden beispielsweise Araberpferde in Nordafrika oder dem Nahen Osten ausschließlich und ohne

> ## Interessant
>
> *Im Griechenland der Antike bedeutet das altgriechische Wort »Krithe« = Gerste und »Krithiasis« = Rehe.*

Probleme mit (wenig) Gerste als Getreidezusatzfutter gefüttert. Die vorwiegende Fütterung in den USA bei Pferden stellen Maisprodukte dar, ohne dass sie krank werden. Von Bedeutung ist lediglich die **Menge** der Futterration. Als Richtmaß für die Verträglichkeit gilt, dass Mais und Gerste nur etwa 30 Prozent der Haferration betragen sollte:

> ## Kraftfutter-Mengen
>
> *Maximal 0,5 Kilogramm Hafer pro 100 Kilogramm Lebendgewicht und Mahlzeit oder maximal 0,15–0,20 Kilogramm Gerste/Mais pro 100 Kilogramm Lebendgewicht und Mahlzeit*

Die Maximalwerte der Fütterung bei einem circa 500 Kilogramm schweren Pferd betragen demnach nicht mehr als drei Kilogramm Hafer oder ein Kilogramm Mais beziehungsweise Gerste pro Mahlzeit. Benötigt ein Sport- oder Rennpferd mehr, muss die Anzahl der Rationen am Tag entsprechend erhöht werden, auf keinen Fall also die Gesamtmenge verteilt auf beispielsweise zwei Mahlzeiten.

Eine wesentlich bessere Verdaulichkeit der Getreidestärke kann durch entsprechende hydrothermi-

Gerste (Behälter rechts oben) und Mais (rechts unten) haben gegenüber Hafer einen größeren Anteil von Kohlenhydraten (Stärke).

sche Futterbearbeitung erreicht werden (Getreideflocken, Getreideschrote heißwasserbehandelt), die heutzutage inzwischen Standard ist.

Auch **Pflanzenöl** kann bis zu bestimmten Grenzen (maximal 400 Gramm pro Pferd und Tag) als ergänzender Energieersatz verfüttert werden. Näheres hierzu im Kapitel »Vermeidung einer Futterrehe – Futterbedarf«.

Übersäuerung

!

Mit einer Kotwasseranalyse kann man das Dickdarmmilieu seines Pferdes kontrollieren und eine Übersäuerung beziehungsweise den pH-Wert feststellen.

Grünfutter von Wiesen und auf Weiden
Von weiterer Bedeutung für das Pferd im Hufrehegeschehen sind Grünfutter und ihre Konservierung als Heu und Silage.

Klimatische Faktoren wie zum Beispiel Regenmenge, Höhen- oder Meereslage, Art und Beschaffenheit des Bodens (bindig, sandig oder gemischt), die Wahl der Düngung sowie regionale Besonderheiten hinsichtlich der Zusammensetzung von Pflanzen sind ausschlaggebend für den Nährstoffgehalt, den Geschmack und die Wachstumsgeschwindigkeit des Grünfutters auf Weiden und Wiesen. Von Relevanz für die Auslösung einer Hufrehe sind dabei besonders der Nährstoffgehalt und die Zeit für das Nachwachsen abgegraster Grünfutterflächen.

Besonders »Kuhgrasweiden« mit viel Klee und stark kohlenhydrathaltigen Gräsern wie Weidelgras können Auslöser für Hufrehe sein.

Es kommen hauptsächlich drei Arten von Grünfutter vor: Gräser, Kleearten und Kräuter. **Gräser** stellen im Allgemeinen als Hauptgruppe den größten Anteil des Grünfutters dar. Es wird dabei unterschieden in Ober- und Untergräser, die für das Pferd als wertvoll und brauchbar eingestuft werden sowie Gräser mit hohem Rohfaseranteil und geringem Nährstoffgehalt, die als minderwertig hinsichtlich der Pferdeernährung eingeordnet werden.

Die **Kleeartigen** sind beispielsweise Weißklee, Rotklee, Bastardklee und Wickearten. Besonders der schattenempfindliche und lichthungrige Weißklee, der am häufigsten auf den Weiden anzutreffen ist, wird von Pferden gern gefressen. Er ist sehr reich an Eiweiß, Calcium und Magnesium, speichert sehr wenig Fruktan und ist unter normalen Umständen hochverdaulich. Auch hier gilt der Leitsatz des Schweizer Arztes und Philosophen Paracelsus: »Die Dosis macht die Wirkung«, der eigentlich auf die Verabreichung von Medikamenten bezogen war, aber durchaus auch auf die Menge der Aufnahme von Grünfutter – speziell Weißklee – in Zusammenhang gebracht

werden kann. Die hohe Verdaulichkeit von Kleeartigen geht vermutlich bis zu einem bestimmten Punkt. Wird dieser überschritten, können auch sie an den toxischen Verfahren beteiligt sein beziehungsweise diese mit in Gang setzen.

Schließlich lassen sich bei den **Kräutern** sowohl wertvolle Futterpflanzen als auch giftige »Unkräuter« feststellen. Kräuter sind zweikeimblättrige Pflanzen, die auf extensiven und nicht gedüngten Weideflächen zunehmen. Ein Zusammenhang von Kräutern und Hufrehe ist noch nicht ausreichend untersucht. Von Bedeutung bei der übermäßigen Aufnahme von Kräutern zusammen mit Grünfutter ist vor allem das Grasungsverhalten des Pferdes. Besteht eine Weide neben Gräsern und Kleeartigen auch aus unerwünschten Kräutern, werden diese normalerweise von den Pferden gemieden und nicht selten sogar als Geilstellen genutzt. Mischen sich einige giftige Kräuter allerdings zwischen hochwertige Gräser und werden diese Flächen kontinuierlich von den Pferden in der Weidesaison kurz gehalten, werden diese Giftpflanzen zwangsläufig – wenn auch in kleinen Mengen – mit aufgenommen.

*Jakobs-Kreuzkraut bleibt auch
im Heu giftig.*

Von Bedeutung für die Futterrehe sind folgende Kräuter:

● Beim Sumpfschachtelhalm und dem Adlerfarn – die auch im Heu vorkommen können und im getrockneten Zustand ihre Giftigkeit kaum verlieren – kommen Substanzen vor, die Störungen und Mangelerscheinungen auslösen können. Im **Adlerfarn** sind dies blausäurehaltige Glykoside (erzeugen Vitamin B-Mangel) und Thiaminase (Störung des Kohlenhydrat-Stoffwechsels). Der **Sumpfschachtelhalm** verursacht ebenfalls Avitaminosen (Mangelerkrankungen durch Fehlen von Vitaminen). Der Verlauf bei übermäßiger Aufnahme ist folgender: Zunächst entsteht eine Hypoglycämie, ein Absinken des Blutglucosespiegels im Blut mit Störungen der Zellfunktion infolge von Glucosemangel. Danach eine Hyperglycämie – eine Erhöhung des Blutglucosespiegels – mit reduzierter Toleranz gegenüber einer Kohlenhydrat-Belastung.

● Bei ständiger Aufnahme von **Jakobs-Kreuzkraut** können Leberschäden und sogar der Tod eintreten. Schweizer Wissenschaftler geben aktuell als tödliche Dosis 40 bis 80 Gramm Frischgewicht pro Kilogramm Körpergewicht an. Der Akademische Direktor des Pharmazeutischen Instituts der Universität Bonn, Dr. Helmut Wiedefeld, ist jedoch der Meinung, dass bereits 80 Milligramm Frischgewicht pro Kilogramm Körpergewicht zum Tode führen können. Ein Zusammenhang als Auslöser für Hufrehe nach Aufnahme von Jakobs-Kreuzkraut ist jedoch derzeit wissenschaftlich nicht bewiesen.

Fruktane

Lange Zeit war man sich im Unklaren darüber, warum Pferde, die zu bestimmten Zeiten auf mehr oder minder abgegrasten Weiden gehalten wurden, Hufrehe bekamen. Inzwischen scheint man den Grund für dieses Phänomen herausgefunden zu haben: der hohe Anteil eines bestimmten Fruchtzuckers im Gras, des **Fruktans**.

In den sogenannten Chloroplasten der Grünpflanzen spielt sich die Photosynthese ab. Sie enthalten den grünen Blattfarbstoff Chlorophyll, der in der Lage ist, mit Hilfe des Sonnenlichts den Grundnahrungsstoff Glukose (Traubenzucker) aufzubauen. Daneben bilden sich in vielen Gräsern weitere Zuckerarten. Jede einzelne entwickelt in

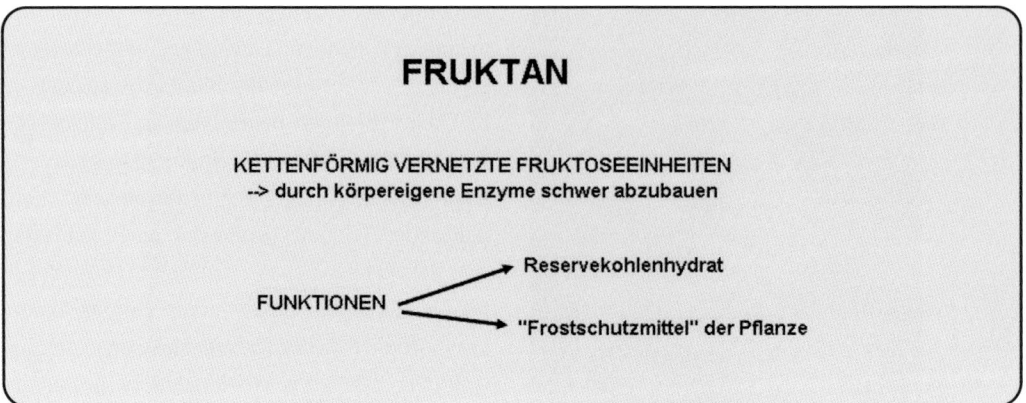

Fruktan, das Frostschutzmittel der Pflanze

den Pflanzenzellen verschiedene Eigenschaften und bringt bei der Bildung ihrer langen Molekülketten geringfügig veränderte Produkte hervor, die von der Pflanze immer wieder benutzt werden, um für Energievorrat, Energieversorgung, Widerstandsfähigkeit, Gewebesteifheit, Schutz gegen Dürre, Trockenheit und Frost zu sorgen.

Eine solche Zuckerart beziehungsweise abgewandelte Form ist das Fruktan: Ein sehr langkettiges, wasserlösliches Zuckermolekül, das vom Gras gespeichert wird, wenn ein Überschuss an Energie vorhanden ist. Dies ist besonders der Fall, wenn viel Sonnenlicht auf das Gras einwirkt, gleichzeitig aber die nötige Wärme fehlt, die für das Wachstum unentbehrlich ist. In diesem Fall speichert die Graspflanze Fruktan vorwiegend in der Wurzel und in den Stängeln, weniger in den Blättern. Ein solcher Fall liegt zum Beispiel vor, wenn im Spätherbst die Sonne scheint, die Temperatur tagsüber aber nicht über 6 Grad Celsius steigt. Fruktan wird von Gräsern auch vermehrt gespeichert, wenn die Pferde sie ständig abfressen und

kurz halten oder wenn man sie zum Zweck der Weidepflege regelmäßig abmäht. Dann stehen die Gräser unter »Stress« und speichern Energie in Form von Fruktan. Der Fruktangehalt sinkt, wenn die Pflanze ungehindert wachsen kann und Energie dafür benötigt. Besonders Gräsersorten, die die Grundlage für Grassilagen bilden, wie beispielsweise das häufig vorkommende Weidelgras, speichern vermehrt Fruktan. Daneben ist bei Gräsern mit hohem Blattanteil weniger Fruktan vorhanden, bei solchen mit hohem Stängelanteil mehr.

Zusammenfassend lässt sich sagen, dass bezüglich des Hufrehegeschehens besonders das Weidelgras (hoher Fruktangehalt und hier besonders seit neuestem die sogenannten »Hochzuckergräser«, noch energiereichere Weidelgräser für die Fleisch- und Milchgewinnung von Rindern) und hohe Mengen Kleeartige (sehr eiweißhaltig) auf einer Weide die größte Gefahr darstellen und daher in Grenzen zu halten sind. Dies geschieht zum Beispiel durch ein gutes Weidemanagement als beste vorbeugende Maßnahme.

Neuere Untersuchungsergebnisse über den Anteil von Fruktanen im Frischgras

Eine Studie des Institutes für Tierernährung der Tierärztlichen Hochschule Hannover in Zusammenarbeit mit der Landwirtschaftskammer Nordrhein-Westfalen von Mai bis November 2002 ergab neue Erkenntnisse über den Anteil von Fruktanen im Weidegras. Hierbei wurden von Weiden zehn verschiedener Pferdebetriebe im Münsterland (NRW) in monatlicher Regelmäßigkeit Grasproben entnommen und auf ihren Fruktangehalt hin untersucht. Das Hauptaugenmerk richtete sich dabei auf die Wechselbeziehungen zwischen dem Fruktangehalt der Gräser und verschiedenen Rahmenbedingungen wie Tages- und Jahreszeit, Witterungseinflüsse, Zusammensetzung der Gräsergemeinschaft, Weidemanagement und extensiver beziehungsweise intensiver Weidenutzung.

Alle Grasproben wurden auf etwa drei Quadratmetern Fläche ab zwei Zentimeter Höhe vom Boden entnommen, wobei alle Gräser dieser Flächen ähnliche Wuchshöhen aufwiesen. Darüber hinaus wurden die Besatzdichten mit Pferden, der Zustand der Weiden, Düngungen und klimatische Besonderheiten während jeder Probenentnahme berücksichtigt. Zusätzlich wurden Daten vom Deutschen Wetterdienst über Lufttemperatur, minimale tägliche Bodentemperatur, relative Feuchte, Bedeckungsgrad, tägliche Sonnenscheindauer und Niederschlagsmenge eingearbeitet. Die detaillierten Ergebnisse dieser Studie von Dr. Sandra Dahlhoff und Dr. Wolfgang Sommer, Hannover (2004) können im Internet unter: http://elib.tiho-hannover.de/dissertations/dahlhoffs_ws03.html entnommen werden. An dieser Stelle sollen nur die wesentlichsten Ergebnisse in der Tabelle unten vorgestellt werden.

Diese gemittelten Werte sind jedoch nur Anhaltspunkte und dürfen nicht als Grundlage für die Weidezeitdauer Hufrehe gefährdeter Pferde verstanden werden, da zum Teil erhebliche Unterschiede von Fruktangehalten innerhalb eines Monats und verschiedener Weiden festgestellt wurden (zum Beispiel im Monat September minimaler Fruktangehalt von 10,6 Gramm pro Kilo-

Tabelle: Fruktangehalt Studie TH-Hannover

Monat	Mittlere Fruktangehalte aus allen analysierten Grasproben (Gramm pro Kilogramm Trockensubstanz (g/kg TS))	Maximalwerte Fruktangehalt	Minimalwerte Fruktangehalt
Mai	56,6	80	18
Juni	circa 33	70	18
Juli	circa 26	67	9
August	18,3	30	7
September	circa 27	81,6	10,6
Oktober	circa 43	55	10
November	circa 40	70	12

gramm Trockensubstanz, Maximalwert von 81,6 Gramm pro Kilogramm Trockensubstanz).

Einzig die Fruktangehalte im August können bezüglich des Hufrehegeschehens als relativ unbedenklich eingestuft werden.

Das »Institut of Grasland and Environmental Research« (IGER) in Wales wies nach, dass die Aufnahme von 7,5 Gramm Fruktan pro Kilogramm Lebendgewicht ausnahmslos binnen zwei Tagen bei gesunden Pferden zu Hufrehe führt (also etwa 3,5 Kilogramm für ein 500 kg schweres Pferd). Für ein 500 kg schweres Pferd im Erhaltungszustand wird als alleiniges Futtermittel in der Literatur etwa 30 kg Frischgras angegeben. Das heißt, dass dieses Pferd auf der Weide im Mai mit maximal gemessenem Fruktanwert (80 Gramm pro Kilogramm Trockensubstanz) etwa sechs Kilogramm Trockensubstanz (= 20 Prozent) des Grases aufnimmt, also etwa 480 Gramm oder 0,48 kg Fruktan. Das sind also nur 15 Prozent der problematischen Menge von 3,5 Kilogramm für ein gesundes Pferd.

Allerdings gibt es – soweit zu recherchieren war – keine Angaben von Tierkliniken oder Forschungsinstituten über die Menge von Fruktan, die bei Hufrehe gefährdeten Pferden (dicke Pferde, Pferde mit sehr guter Futterverwertung, Ponys) oder bei Pferden mit überstandener Hufrehe (chronische Hufrehe) dieselbige auslöst. Wie die Erfahrung jedoch gezeigt hat, ist zu vermuten, dass bei den Risikogruppen bereits **wesentlich geringere Mengen Fruktan** – als die oben erwähnten bei gesunden Pferden – Hufrehe auslösen kann.

Fruktane auch im Heu
Bisher ging man davon aus, dass Fruktan in erster Linie über frisches Gras in das Pferd gelangt.

Inzwischen gibt es spezielle Saatgutmischungen, die fruktanreduzierte Gräsersorten beinhalten.

Untersuchungen von 15 Heusorten des «Grasforschungsinstituts Rocky Mountain Research and Consulting in Colorado (Kathryn Watts)» in den USA 2006 ergaben, dass neben den und vom Pferd ohne weiteres gut zu verdauenden Einfach- und Zweifachzuckern im Heu auch hohe Anteile von Fruktan vorhanden sind. Dabei betrage der Anteil des Fruktans von einigen Heusorten fast 80 Prozent der frischen Struktur. Kathryn Watts fand bei ihren Untersuchungen heraus, dass durch vorheriges Wässern (besonders warmes/heißes Wasser) fast alle Zuckermoleküle aus dem Heu

Durch ein heißes Wasserbad lässt sich nach neuesten Erkenntnissen kaum Zucker aus dem Heu auswaschen.

Überdies sollte man das Heu erst nach der Blüte (Ende Juni bis Mitte Juli) ernten, da dann die Fruktankonzentration am geringsten ist. Beim Heukauf sollte darauf geachtet werden, dass es sich möglichst um spät geerntetes Heu handelt. Grummet ist nicht geeignet.

Wer den Fruktangehalt seines Heus (bei Gras kann die Fruktananreicherung innerhalb weniger Stunden erheblich schwanken) genau wissen möchte, kann eine Heuprobe zur Ermittlung der exakten Werte einschicken und untersuchen lassen (Adresse: Landwirtschaftskammer Nordrhein-Westfalen in Münster, Dr. Sommer, Telefon: 0251/23760, www.landwirtschaftskammer.de/.../hufrehe-fruktan.htm). Durch die sogenannte Nahinfrarotspektroskopie (NIRS) wird mittels Infrarot-Bestrahlung der Fruktangehalt in Frischgras, Heu und Silage ermittelt. Die Kosten der Fruktananalyse belaufen sich derzeit auf etwa 35 Euro (Stand 2012).

Frisches, noch nicht durchgetrocknetes Heu
Zu den größten Schwierigkeiten bei der Konservierung von Frischgras zählt die fachgerechte Herstellung von Heu. Dabei sind folgende Faktoren von großer Bedeutung:

- Heutrocknung und Wassergehalt: Erst bei einem Wassergehalt unter 15 Prozent darf Heu gepresst und gelagert werden.
- Ausreichende und trockene Lagerung bis zur Beendigung der Schwitzphase.

Werden bei diesen Prozessen Fehler gemacht, bilden sich nicht selten Schimmelpilze wie zum Beispiel Aspergillus oder Penicillium. Solch schimmelpilzbefallenes Heu mit seinen hochtoxischen

herausgewaschen werden könnten, besonders der sehr wasserlösliche Mehrfachzucker Fruktan. Das Heu sollte allerdings mindestens dreißig Minuten im heißen/warmen Wasser verbleiben.

Eine aktuellere Studie aus Großbritannien ergab allerdings andere Ergebnisse: Nasses Heu enthalte kaum weniger wasserlösliche Kohlenhydrate (also auch Fruktan) als trockenes Futter, so die britischen Wissenschaftler, die 16 Stunden gewässertes Heu untersuchten (Quelle: Cavallo, »Erste Hilfe«, Sonderheft 2/2011).

Substanzen verursachen nicht nur Verdauungsstörungen (Durchfälle), Koliken, Allergien, Atemwegs-
erkrankungen oder Fehlgeburten bei Stuten, sondern können auch mitverursachend bei der Entstehung einer Hufrehe (Vergiftungsrehe) sein.

Silagefuttermittel (Gras-, Kleegras-,
Mais- und Rübenblattsilagen)
Silierte Futtermittel werden inzwischen immer
öfter in der Pferdefütterung eingesetzt. Dabei ist
grundsätzlich erst einmal festzustellen, dass
Silagen in der freien Natur generell nicht vorkommen und der Pferdekörper auf siliertes Futter aufgrund seiner Entwicklungsgeschichte nicht eingestellt ist.

Silagen stellen infolge Einsäuerungsprozessen
(Aktivität von Milchsäure-Bakterien = natürliche
Silierung / Zusatz von Säuren = künstliche Silierung) eine Art Haltbarmachung des Frischgrases
für die Winterfütterung dar und verfügen gegebenenfalls über mehr Nährstoffe als beispielsweise
Heu, enthalten allerdings weniger Staubanteile.
Sie sind außerdem bei ihrer Ernte weniger arbeits-
intensiv und witterungsunabhängiger, weshalb sie
in vielen Regionen von Landwirten und Pensions-
stallbetreibern mehr und mehr favorisiert werden.
Neben diesen positiven Eigenschaften birgt die
Silage-Fütterung aber ein hohes Gefahrenpo-
tenzial:

Heu darf beim Trocknen keinem
Regenschauer ausgesetzt sein.

🔴 1) Gefahr durch die sogenannte Nachgärung.
Es kann passieren, dass die Oberflächen von Silageballen nachträglich einsäuern und hierdurch
weitergären, was für Pferde generell gefährlich
werden kann.
🔴 2) Gefahr durch einen zu hohen Gehalt an
Energie beziehungsweise Kohlenhydraten, ähnlich
dem des rohen Ausgangproduktes. In Bezug auf
die Entstehung einer Hufrehe können Silagefuttermittel also eine tickende Zeitbombe darstellen. Die
Aufnahme von siliertem Futter mit seinem hohen
Anteil von Stärke und Eiweiß kann – wie bereits
geschildert – zu verstärkter Bakteriolyse und damit zu erhöhter Freisetzung von Endotoxinen und

Grassilage-Rundballen müssen mit mehreren Lagen Stretchfolie umwickelt und fachgerecht gelagert werden.

vermehrter Bildung biogener Amine führen. So hat zum Beispiel Blaiton in einem Tierversuch beim Pferd Hufrehe durch 15 Gramm Maisstärke pro Kilogramm Lebendgewicht ausgelöst. Maisstärke kommt in Maissilage in hoher Konzentration vor.

⬤ 3) Weiterhin können verbliebene Tierkadaver in Silageballen Botulismustoxine entstehen las-

sen, was beim Pferd zum Tod führen kann. Schädlich sind silierte Futtermittel außerdem mit höheren ph-Werten als 6, Schimmel und Verunreinigungen tun ein Übriges. Hingegen kann bei einer Heißsilierung (über 50 Grad Celsius) der Sumpfschachtelhalm seine giftige Wirkung verlieren beziehungsweise deutlich herabgesetzt werden.

Fallbeispiel: Hufrehe durch Aufnahme hoher Mengen Weißklee und Weidelgras

Pferd: Araberstute, 10-jährig, braun
Besondere Merkmale: mittlerer bis schwammiger Typ, gesunde Hufe, sehr guter Futterverwerter
Anamnese: keine Hufrehe bedingte Vorgeschichte, aber steter Hang zur Fettleibigkeit
Verlauf der Erkrankung:
Die sommerlichen Temperaturen und der ungewöhnlich reichliche Niederschlag hatten im fruchtbaren Jahr 2000 im hessischen Mittelgebirge das Gras im April und Mai besonders schnell wachsen lassen. Die betroffene Stute wurde mit anderen Pferden auf eine 1998 fatalerweise mit »Kuhgras« (Klee und Weidelgras) eingesäte Weide verbracht. Auf dieser Wiese verbreitete sich sehr stark Weißklee, der von den Pferden in entsprechend großen Mengen aufgenommen wurde. Die Besitzer der Stute hatten zwar kein gutes Gefühl angesichts des hohen Anteils von Klee auf dieser Koppel, haben aber ein entsprechendes Weidemanagement mit dem Ziel der Unterdrückung des Klees im Vorfeld versäumt.
Gerade in diesem Augenblick kam ein befreundeter Pferdezüchter und Hufpraktiker auf den Hof und sah die Stute inmitten einem hochgewachsenen Meer von Weißklee, mit vollen Backen fressend. Seine Reaktion war entsprechend entrüstet, ja fast ärgerlich, und den Besitzern der Stute ging erst jetzt ein Licht auf. Aber es war bereits zu spät. Am Folgetag nahm sie die typische Rehestellung ein, war kaum zum Laufen zu bewegen und hatte hochgradige Schmerzen. Es wurde sofort gehandelt. Der Tierarzt führte einen Aderlass durch, gab Phenylbutazon, danach Quadrisol. Später wurde zur Schmerzlinderung ASS mittels Apfelmus oral verabreicht. Derselbe Hufpraktiker kam auch noch am selben Abend und legte je eine punktuelle Drainageöffnung an der vorderen Hufwand der beiden Vorderhufe, wobei auch sofort Flüssigkeit aus dem Huf trat. Außerdem raspelte er eine freischwebende Zehe, kürzte die Eckstreben und nahm den hinteren Tragrand (Trachten) bis zur Höhe der Sohle zurück (die Stute hatte zum Glück viel Hufsubstanz) um Strahl, Sohle und Ballen vermehrt zum Mittragen heranzuziehen.
Dieses sofortige und beherzte Handeln hatte dann auch den entsprechenden Erfolg. Nach kurzer akuter Phase folgte ein abgeschwächter chronischer Verlauf, nach drei Monaten war die Stute – bis heute – wieder gesund. Es trat keine Hufbeinrotation beziehungsweise -senkung ein, auch kein Knollhuf oder konkave Ausbildung der vorderen Hufwand. Lediglich einige Rillen zeugten von der Hufrehe, die dann problemlos zusammen mit den Drainageöffnungen herunter wuchsen.
Einmal allerdings fuhr den Besitzern ein großer Schrecken durch die Glieder: Einige Tage nach Beginn der Hufrehe kaute die Stute im Liegen ständig am Kronrand eines Vorderhufes herum. Vermutlich war dieser Huf mehr als der andere betroffen und das Pferd hat instinktiv diese Handlung vollzogen. Das hatte zur Folge, dass an dieser Stelle ein wunder Bereich entstand, aus dem dann eine ganze Menge Eiter, Blut und andere Flüssigkeiten heraustraten. Zunächst nahm man an, dass jetzt der Prozess des Ausschuhens begonnen hatte und befürchtete, das Tier einschläfern zu müssen. Schließlich schloss sich diese Wunde wieder und die rehetypischen Symptome gingen nach dieser »Selbstheilung« außerordentlich schnell zurück.

Die punktuelle Drainageöffnung mittels Bohrung (runde Öffnung) reichte anscheinend nicht aus. Zusätzlich öffnete sich am Kronrand (rechts darüber) bei der im Fallbeispiel erwähnten Stute ein etwa drei Zentimeter breiter Streifen, aus dem die Flüssigkeit aus dem Huf trat.

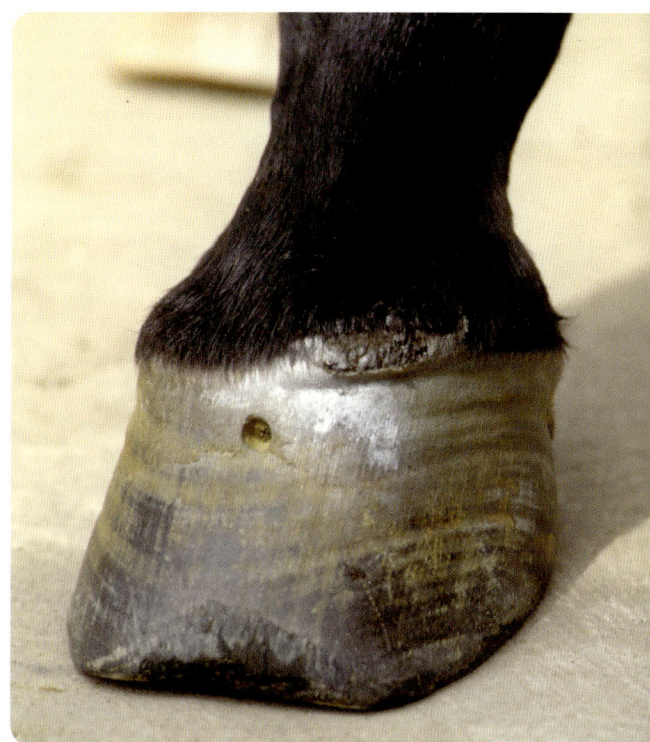

Geburtsrehe

Eine weitere durch innere Vorgänge ausgelöste Hufrehe ist die **Geburtsrehe**, auch als **Nachgeburtsverhaltung** bekannt.

Im sogenannten Nachgeburtsstadium löst sich bei der Stute die Nachgeburt, die als Eihäute bezeichnet werden. Das sind schleimhautartige Gewebe, die durch Nachwehen von der Stute ausgestoßen werden. Verbleiben auch nur kleinste Teile der Nachgeburt in der Gebärmutter der Stute zurück, kann das zu bakteriell bedingten Zersetzungsprozessen führen. Dabei sondern diese Bakterien Gifte ab, die den Vorgang der Hufrehe in Gang setzen, indem sie aus der Gebärmutterwand in den Blutkreislauf gelangen. Deshalb muss nach dem Abgang der Nachgeburt diese auf ihre Vollständigkeit hin überprüft werden. Näheres hierzu können Sie im Kapitel »Hufrehe vermeiden« nachlesen.

!

Risikofaktor

Die Verhaltung der Plazenta ist ein ernstes Risiko für Hufrehe!

In der Gebärmutter verbliebene Reste der Nachgeburt können bei Stuten die gefährliche Geburtsrehe auslösen.

Langes Reiten auf hartem Untergrund kann Auslöser für eine Hufrehe sein.

oder auch das Durchgehen eines Pferdes auf der Straße beziehungsweise auf dem Asphalt und wird mit dem Begriff der »traumatischen Rehe« bezeichnet.

Besonders bei beschlagenen oder barhuf laufenden Pferden, die keinen Dämpfungsschutz wie etwa Hufschuhe oder Kunststoffbeschläge haben, konnte nachgewiesen werden, dass die Schlagwirkung auf Asphalt die dreifache Intensität hat wie beispielsweise bei einem Barhuf mit Hufschuh. Es sind aber auch Rehefälle bekannt, die durch langes Stehen beispielsweise auf harten Stallböden (»Stallrehe«) oder bei Schiffsreisen entstanden sein sollen. Vor allem aber kann die Ursache durch langes Stehen auf drei Beinen bei hochgradiger Lahmheit einer Gliedmaße liegen, was als die klassische »Belastungsrehe« angeführt wird. Schont ein Pferd sein erkranktes Bein, belastet es gleichzeitig die anderen drei vermehrt. Besonders bei einer Lahmheit der Vordergliedmaße muss der andere und gesunde Vorderhuf die volle Last des kranken Hufes mit aufnehmen – und das sind immerhin circa 30 Prozent des Gesamtgewichtes des Pferdes als Mehrlast beziehungsweise die doppelte Last auf einem Huf.

Auslöser für eine Belastungsrehe können aber auch mehrere Faktoren gleichzeitig sein. Im Fallbeispiel rechts sowie im Fallbeispiel der 3-jährigen Araberstute mit Sohlendurchbruch (Abschnitt »Rehebeschlag«) wurden bestimmte Arzneimittel (Depotkortikoid/Cortison) verabreicht. Depotkortikoide sind spezielle Cortison-Präparate, bei denen die Wirkstofffreigabe im Pferdekörper zeitlich verzögert erfolgt. Bei der darauf folgenden

Weiterhin kann eine Hufrehe auch nach einer Endometritis (Schleimhautentzündung der Gebärmutter) infolge einer uterinen Infektion ohne Nachgeburtsverhaltung entstehen.

Belastungsrehe
Eine Hufrehe kann auch durch äußere Vorgänge verursacht werden. Hierzu zählen mechanische Beanspruchungen, die auf die Hufe wirken. Solche können langes Laufen auf harten Böden sein, wie sie bei Fuchsjagden oder Distanzritten vorkommen

Fallbeispiel AV-Stute, Hufrehe durch Lahmheit (Belastungsrehe)

Pferd: Araberstute, 11-jährig
Besondere Merkmale: trockener Typ, gesunde Hufe
Anamnese: keine Hufrehe bedingte Vorgeschichte
Verlauf der Erkrankung:
Die im Offenstall gehaltene Stute zeigte über Nacht eine geringe bis mittelmäßige Lahmheit an der linken Hinterhand, vermutlich verursacht durch Festliegen oder Anschlagen an eine Stallwand. Es entwickelte sich nach zwei Tagen eine hochgradige Lahmheit, so dass der Tierarzt gerufen werden musste. Schwellungen oder Ähnliches, was auf eine Entzündung hingedeutet hätte, waren nicht vorhanden. Ebenfalls konnte durch sofort durchgeführte Röntgenaufnahmen am Stall kein Befund an Knochen und Gelenken festgestellt werden. Der Tierarzt verabreichte daraufhin als Behandlung ein Depotkortikoid mit entsprechender Dosierung, da er eine Kniegelenksentzündung annahm (Anmerkung: Die Vermutung des Pferdebesitzers, dass eine »Warmblutdosierung« gegeben wurde – also das geringere Körpergewicht der Rasse Arabisches Vollblut nicht berücksichtigt wurde, kann nicht bewiesen werden). Nach weiteren zwei Tagen liefen die Vorderbeine an und es machte den Eindruck, als lahmte die Stute jetzt auf allen vier Beinen. Dieser Zustand hielt circa eine weitere Woche unverändert an. Dann schien es, als sei die Lahmheit an der Hinterhand abgeklungen, während die Lahmheit an beiden Vorderbeinen zunahm. Der Tierarzt kam jetzt täglich. Dann nahm die Stute im Stand die typische Stellung ein: Die Vorderbeine wurden nach vorne verlagert, die Hinterbeine ebenfalls nach vorne unter den Mittelpunkt des Körpers geschoben. Jetzt erst wurde der Verdacht auf eine Hufreheerkrankung beider Vorderhufe geäußert. Es wurde sofort ein Aderlass durchgeführt und es folgte eine klassische Behandlung der Hufrehe: Verabreichung von schmerzstillenden und entzündungshemmenden Medikamenten (kein Cortison!); Entlastung des Schmerzbereiches durch Abfeilen der Zehe (frei schwebende Zehe). Außerdem wurden die Trachten und die Eckstreben herabgesetzt (hierzu gibt es gegenläufige Meinungen). Außerdem wurden in jeden Huf zwei sogenannte Dehnungsfugen gefräst. Unterstützt wurden diese Maßnahmen mit homöopathischen Mitteln (Globulis) durch einen zusätzlich konsultierten Pferde-Homöopathen. Außerdem wurde jegliches kohlenhydrathaltige Futter, also Kraftfutter, gestrichen, mehrfach am Tag (in der ersten Zeit auch nachts!) die Vorderbeine gekühlt und entsprechend dem Schmerzempfinden kontrollierte, zeitweise leichte und freiwillige Bewegung mit den anderen im Offenstall gehaltenen Pferden verordnet. Die Heilung kam langsam und schwankend voran, immer wieder mit Rückfällen und erhöhter Lahmheit begleitet. Schließlich konnte nach einem halben Jahr eine gewisse Stabilisierung erreicht werden. Nach 15 Monaten war das Pferd scheinbar wieder gesund, es konnte eine Hufbeinrotation beziehungsweise Absenkung um 2 Grad (Winkelung bei der ersten Röntgenaufnahme in der ersten akuten Hufrehephase zwischen Hufwand und Wand des Hufbeins 12 Grad, Winkelung nach überstandener Hufrehe durch zweite Röntgenaufnahme 14 Grad) festgestellt werden, die Hufbeinspitze war nicht angegriffen. Das Pferd wurde jetzt wieder freizeitmäßig geritten. Nach einem weiteren gesunden Jahr kam es erneut zu einer Lahmheit der Hinterhand. Diesmal vorgewarnt, wurden alle Hufrehe bedingte Vorbeugemaßnahmen ergriffen und die Behandlung der Hinterbeinlahmheit cortisonfrei durchgeführt. Trotzdem konnte ein Rückfall in die Hufrehe nicht verhindert werden.

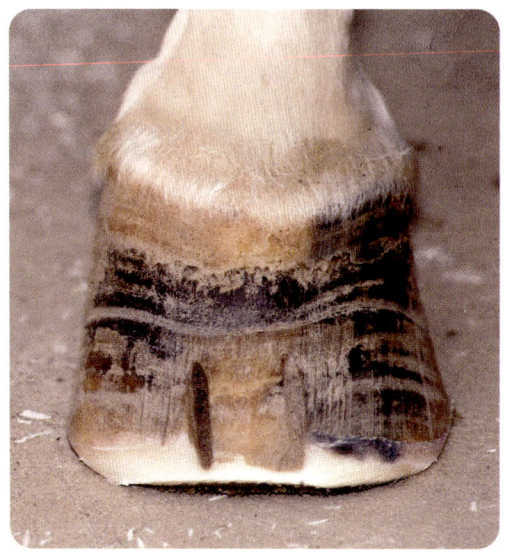

Rehehuf der Araberstute aus dem Fallbeispiel Seite 37 nach circa vier Monaten:
Man kann deutlich den Übergang der
geschädigten Hufteile (unterer Teil) zu den
gesund nachgewachsenen (oberer Teil)
erkennen.

Durch deren Aufnahme können ebenfalls bestimmte Reaktionen im Verdauungstrakt entstehen, die zu entzündlichen Vorgängen der Huflederhaut führen.

Vielfach bewiesen ist der Zusammenhang von
Hufrehe und Medikamenten bei Langzeit-Cortisonen, auch durch Überdosierungen (siehe auch Fallbeispiel: Hufrehe durch Lahmheit (Belastungsrehe).

Hufrehe beider Pferde waren sich die beteiligten
Pferdebesitzer dann nicht sicher, ob der Auslöser
die Überbelastung der gesunden Vorderhufe oder
die Anwendung des Cortisonpräparates war.

Zweifellos ist nur, dass durch die Überlastung
der/des gesunden Hufe(s) die Huflederhaut in Mit-
leidenschaft gezogen wird. Inwieweit schließlich
eine einfache Entzündung der Huflederhaut in die
Hufrehe übergeht, ist noch nicht vollends geklärt.

Vergiftungs- und Medikamentenrehe
Von einer Vergiftungsrehe spricht man, wenn das
Pferd bestimmte Stoffe mit dem Futter aufnimmt,
die nicht im üblichen Sinn als Futtermittel gelten.
In erster Linie sind hierbei Pilzgifte zu nennen,
speziell Schimmelpilze oder bestimmte Pilzsporen
wie Aspergillus, aber auch Giftpflanzen wie die
»Falsche Akazie«, Akazienrinde, Wiesenschaum-
kraut, Wicke, Rizinussamen, Vaselinöl und Pestizide stehen in Verdacht, Hufrehe auszulösen.

Weitere Auslöser für Hufrehe:
Auslöser: Erregungszustände (psychische
Faktoren)
Ursachen: Ausschüttung von Stresshormonen:
Gefäßverengung in der Peripherie, Minderver-
sorgung mit Sauerstoff
Vorbeugemaßnahmen: Erregungszustände
möglichst vermeiden

Auslöser: Infektionen
Ursachen: Atemwegsinfektionen, Allgemeinin-
fektionen (Influenza), Auftreten einer Hufrehe 2
bis 6 Wochen nach einer Virusinfektion (Herpes-
Viren)
Vorbeugemaßnahmen: Infektionskrankheiten
behandeln und auskurieren, bevor das Pferd
belastet wird. Dieses Gebiet ist noch nicht ausreichend erforscht.

Auslöser: Koliken und Durchfälle
Ursachen: Innere Vergiftung (Endotoxämie)

infolge Kolik oder Durchfallerkrankungen: Kolitis (Darmentzündung); Fehlgärungen im Dickdarm
Vorbeugemaßnahmen: Koliken vermeiden

Auslöser: Kaltes Wasser
Ursachen: hastiges Aufnehmen von viel kaltem Wasser (> 20 Liter); große Mengen irritieren die Darmflora; es entsteht vermutlich eine Schleim-haut-Entzündung im Magen-Darm-Trakt, in deren Folge die Bakterien absterben uund ähnliche Folgen wie bei einer Futterrehe haben; Gastro-enteritis/Kolitis
Vorbeugemaßnahmen: Nach langen Ritten (Distanzritte) das Pferd nur langsam in kleinen Schlucken trinken lassen.

Auslöser: Futterumstellungen
Ursachen: plötzliche Änderungen der Kraft-futters von Hafer auf z.B. Gerste oder Mais
Vorbeugemaßnahmen: Futterumstellungen lang-sam durchführen

Auslöser: Hormonelle Veränderungen
Ursachen: Zyklusstörungen der Stute: Dauerrosse oder Ausbleiben der Rosse
Vorbeugemaßnahmen: Hormonelle Behandlung durch den Tierarzt

Auslöser: Erkrankungen der Nieren und Muskeln
Ursachen: z.B. schwerer Kreuzverschlag (Zerstö-rung von Muskelzellen in der Rückenmuskulatur); Ansammlung des aus dem Kraftfutter gebildeten Kohlenhydrats Glykogen in den Rückenmuskeln, das bei plötzlicher Belastung sehr schnell durch den anaeroben Stoffwechsel zu Milchsäure abge-baut wird, die nicht schnell genug abtransportiert werden kann. Sie zerstört die Zellwände der Rückenmuskelzellen. Folgeschäden können Huf-

Giftige Kräuter haben auf Pferdeweiden nichts zu suchen!

rehe, Nierenschäden und Harnstoffvergiftung (Urämie) sein.

Vorbeugemaßnahmen: Regelmäßige Bewegung, Futterabzug an Ruhetagen

Auslöser: Schilddrüsenerkrankungen
Ursachen: Störungen der endokrinen, also der mit innerer Sekretion / mit den Drüsen verbundenen Organe

Auslöser: Immunsystem

Ursachen: Entgleisungen des Immunsystems, massiver Stress, Autoimmunkrankheiten

Auslöser: Elektrischer Strom
Ursachen: Physikalische Einwirkungen wie starker Strom oder Blitzschlag: eine Folge der starken Entzündungsreaktion der Blut- und Nervenversorgung des Hufes
Vorbeugemaßnahmen: bei Gewitter die Pferde hereinholen; Vorsicht bei alten Steckdosen und Stromleitungen im Stall; Strom aus dem Elektrozaun stellt keine Gefahr dar!

Die hastige Aufnahme großer Mengen kalten Wassers steht auch im Verdacht, Hufrehe auszulösen.

Fallbeispiel Hufrehe durch Blitzschlag

Todesfälle von Pferden und Rindern durch Blitzschlag sind schon länger bekannt. Im folgenden Beispiel wird der Blitzschlag auf eine Ponystute beschrieben, den sie während eines Gewitters auf der Weide erhalten hatte und danach Hufrehe bekam. Die Stute stand in der Nähe einer Eiche, als der Blitz einschlug und die Entladung über den Boden und das feuchte Gras auf sie einwirkten. An mehreren Stellen (Brust, Kopf, Knie) entstanden haarlose Stellen. Die nachfolgende Untersuchung ergab Fieber, schnelle Atmung und Herzrasen. Die haarlosen Stellen schwollen an und sonderten Flüssigkeit ab, typisch für Verbrennungen 2. Grades. Sie war sehr schreckhaft, ließ sich nicht anfassen und hatte einen krampfartig gestreckten Hals, aufgewölbten Rücken und erhobenen Schweif. Außerdem zeigte sie deutliche Anzeichen einer Hufrehe. Das Stehen bereitete dem Pony offensichtlich starke Schmerzen, so dass es sich immer wieder hinlegte. Im Liegen beruhigte es sich dann, Puls und Atmung normalisierten sich. Das Abhorchen von Lunge und Bauch/Unterleib mit dem Stethoskop blieb ohne besonderen Befund. Der behandelnde Tierarzt begann mit einer antibiotischen Behandlung (Oxytetrazyklin = Fütterungsantibiotika) und verabreichte Dexamethason (Glococorticoid mit verzögerter Biotransformation, 30-mal stärker wirksam als Hydrocortison), beides hemmt die Wirkung der Stoffwechselprodukte bestimmter Mikroorganismen auf andere und gab außerdem verschiedene Schmerzmittel, die jedoch dem Tier keine Linderung verschaffen konnten. (Frage des Autors: War dieses Cortison eventuell Mitverursacher der Hufrehe?)

Am folgenden Tag hatten sich die haarlosen Stellen dramatisch vergrößert und es entwickelte sich ein Unterbauchödem. Das Stehen bereitete der Stute erhebliche Schmerzen und die Skelettmuskulatur zitterte unkontrolliert. Schmerzmittel wirkten so wenig wie am Vortag. Am dritten Tag wurde das Pferd in eine Klinik eingewiesen und dort mit einem Opiat behandelt (0.75 g Pethidin i.m.). Innerhalb von dreißig Minuten ließen die Schmerzen deutlich nach. Diese Therapie wurde drei Tage fortgesetzt. Die antibiotische Behandlung wurde ebenfalls weitergeführt. In der nächsten Woche besserten sich die Hautwunden, nicht jedoch die Hufrehe. Das Pferd konnte zwar wieder besser stehen, entwickelte aber in der Hinterhand einen »Gänsegang« und hielt den Schweif weiter angehoben. Nach einer Akupunkturbehandlung normalisierte sich der Gang, während die ungewöhnliche Schweifhaltung bestehen blieb. Der Heilungsverlauf der Hufrehe wurde durch eine zusätzliche Infektion kompliziert, die sich durch erneute Oxytetrazyklingabe beherrschen ließ. Vierzehn Wochen nach dem Blitzschlag war radiologisch eine deutliche Hufbeinrotation nachweisbar. Diese konnte in zehn weiteren Wochen korrigiert werden. Damit hat die Hufrehe in diesem Fall von allen Effekten des Blitzschlages die größten Probleme bereitet. Sie war vermutlich eine Folge der starken Entzündungsreaktion der Blut- und Nervenversorgung des Hufes (Frage des Autors: oder durch die Cortisongabe?). Die neuromuskulären Symptome können durch Demyelisation der peripheren Nerven entstanden sein, also durch den Prozess, bei dem die Einbettungssubstanz von Nervenzellen zerstört wird, während das Unterbauchödem wahrscheinlich durch die Schäden am System der Blutgefäße der verbrannten Hautbezirke entstanden ist. Interessant ist auch, dass der Schmerzzustand im Anfangsstadium nur durch den Einsatz von Opiaten beherrscht werden konnte, was möglicherweise mit deren Wirkungsweise auf Bewusstsein und Empfindungen zusammenhängt (Quelle: Praktischer Tierarzt).

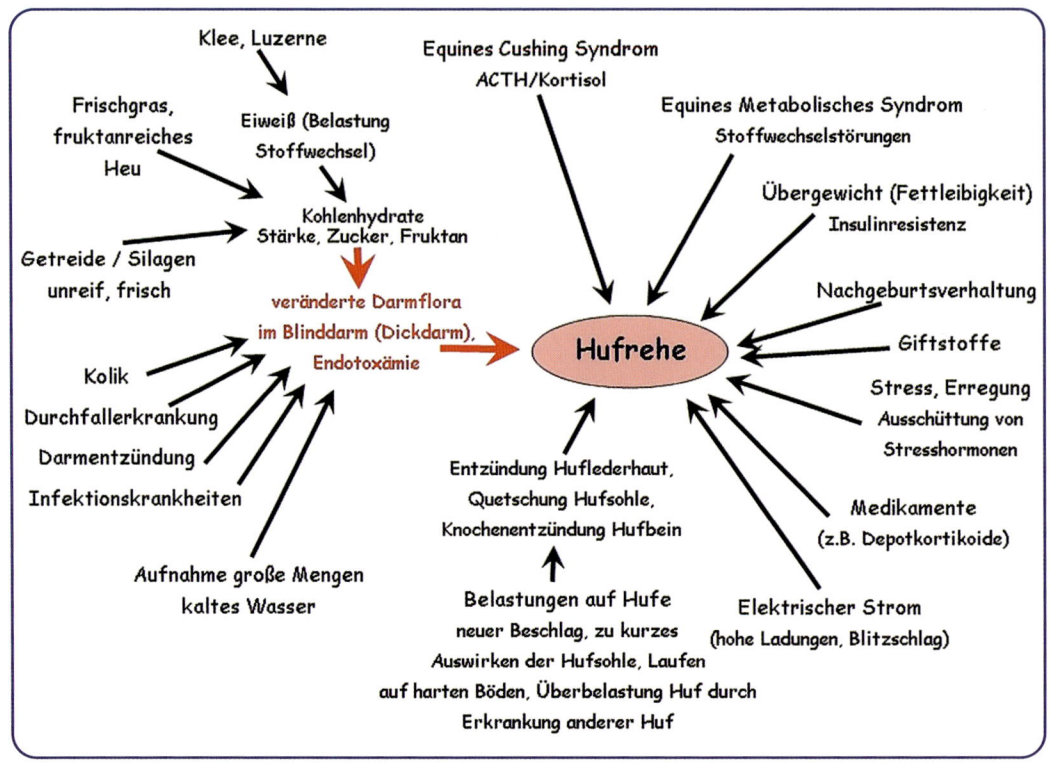

Klee, Luzerne

Equines Cushing Syndrom
ACTH/Kortisol

Equines Metabolisches Syndrom
Stoffwechselstörungen

Frischgras,
fruktanreiches
Heu

Eiweiß (Belastung
Stoffwechsel)

Übergewicht (Fettleibigkeit)
Insulinresistenz

Kohlenhydrate
Stärke, Zucker, Fruktan

Getreide / Silagen
unreif, frisch

veränderte Darmflora
im Blinddarm (Dickdarm),
Endotoxämie

Hufrehe

Nachgeburtsverhaltung

Giftstoffe

Kolik

Durchfallerkrankung

Darmentzündung

Infektionskrankheiten

Stress, Erregung
Ausschüttung von
Stresshormonen

Entzündung Huflederhaut,
Quetschung Hufsohle,
Knochenentzündung Hufbein

Medikamente
(z.B. Depotkortikoide)

Aufnahme große Mengen
kaltes Wasser

Belastungen auf Hufe
neuer Beschlag, zu kurzes
Auswirken der Hufsohle, Laufen
auf harten Böden, Überbelastung Huf durch
Erkrankung anderer Huf

Elektrischer Strom
(hohe Ladungen, Blitzschlag)

Hufrehe und ihre Auslöser.

Die verschiedenen Intensitätsstufen einer Hufrehe

Maßgebend für die Einteilung in unterschiedliche Stärkegrade einer Rehe ist das Schmerzempfinden des Pferdes, das heißt je größer die Schmerzen sind, desto stärker ist die Hufrehe. Eine Hufrehe kann in vier Grade eingestuft werden:

Kategorie I – Die leichte Hufrehe

Das Pferd wechselt im Stehen die Belastung der Vorderhufe durch abwechselndes Anheben und wieder Aufsetzen der Gliedmaßen. Eine Lahmheit ist nicht zu erkennen, im Schritt und Trab läuft das Pferd gehemmt. Beim Laufen in engen Kreisen zeigt es auch Wendeschmerz. Die Vorderhufe

lassen sich aber noch ohne große Probleme aufnehmen. Eine erhöhte Pulsation ist an den Zehenseitenarterien noch nicht fühlbar. Die Vorderhufe sind durch die gestörte Durchblutung verhältnismäßig kalt (Blutleere infolge ungenügender Zufuhr = Ischämie). Eine Entzündung (Inflammation) ist im Innern der Hufe noch nicht vorhanden. Das Pferd zeigt noch keine rehetypische Standposition. Durch Abtasten mit der Hufabdrückzange kann nur ein unspezifisches Schmerzempfinden nachgewiesen werden.

In diesem Stadium lässt sich sowohl vom Tierarzt als auch vom Pferdebesitzer nicht ohne weiteres eine Hufrehe diagnostizieren.

Kategorie II – Mittelgradige Hufrehe

Das Pferd kann jetzt die typische Standposition zeigen: Die Vorderbeine werden im Stand weit nach vorne gesetzt, die Belastung erfolgt auf die Trachten der Vorderhufe. Die Hinterbeine werden nach vorne in Richtung Schwerpunkt des Pferdekörpers verlagert, um das Hauptgewicht aufzunehmen.

Pferd mit akuter Hufrehe in unverkennbarer Stellungshaltung.

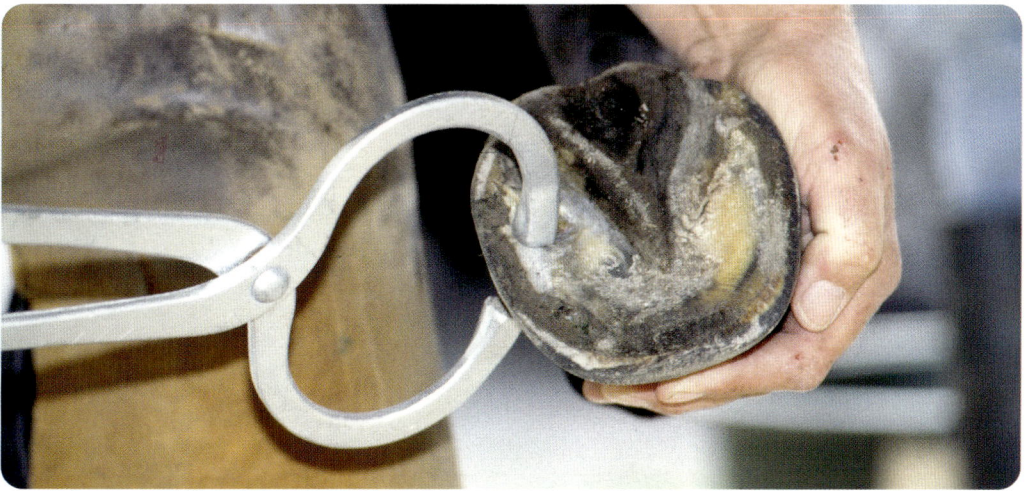

Bei einer Rehe im Anfangsstadium kann man mit der Hufabdrückzange nur ein allgemein erhöhtes Schmerzempfinden lokalisieren.

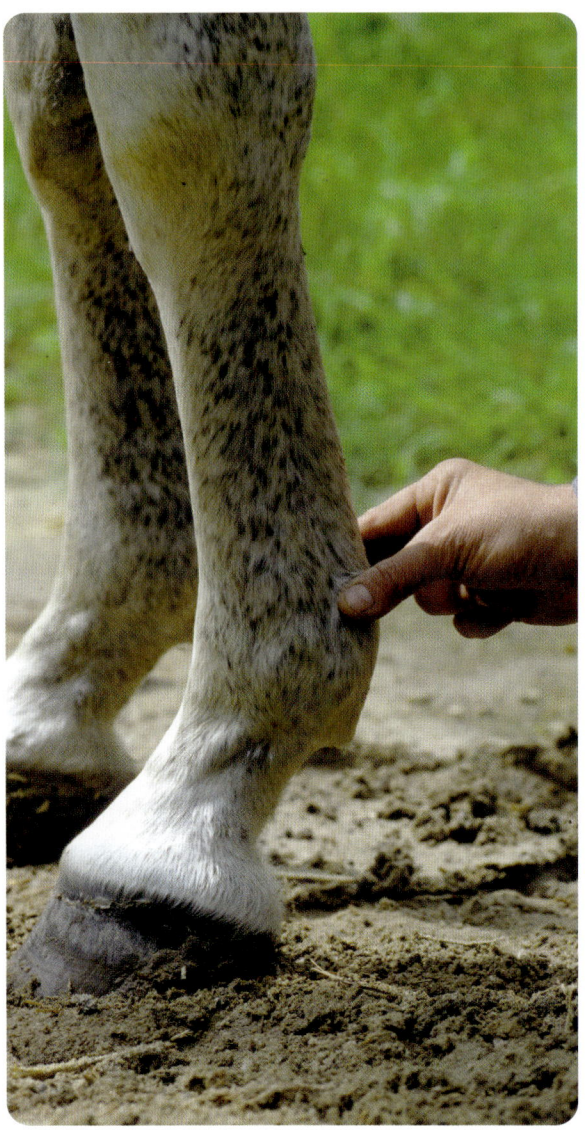

Den Puls misst man an den Zehen-seitenarterien mit zwei Fingern (innen), nicht mit dem Daumen.

Kolikanfälle gehalten wird. Das Pferd bewegt sich freiwillig kaum, an der Hand mit einer Führperson nur widerwillig. Der Gang im Schritt ist sehr klamm und das Pferd ist nur sehr schwer in den Trab zu bringen. Auch der Wendeschmerz beim Laufen in engen Kurven ist jetzt stärker aus-geprägt. Die Vorderhufe lassen sich nur mit Nach-druck aufnehmen, sie fühlen sich jetzt durch die inzwischen eingetretene Entzündung warm an, es ist ein erhöhter Puls an den Arterien festzustellen. Eventuell hat das Pferd erhöhte Temperatur, die Atmungsfrequenz ist erhöht, die ausgeatmete Luft erscheint heiß.

Das Abdrücken mit der Hufabdrückzange lässt erhöhtes Schmerzempfinden sichtbar werden. In diesem Stadium sollte der Tierarzt oder Huf-schmied die Diagnose einer Hufrehe ernsthaft in Erwägung ziehen.

Kategorie III – Die starke Hufrehe
Eindeutige rehetypische Standposition wie bei Kategorie II beschrieben. Der ganze Körper ist an-gespannt, die Bauch- und Rückenmuskulatur hart. Der Schritt des Pferdes ist jetzt sehr mühevoll. Wenn es läuft, zeigt es den typischen »Pantoffel-gang« mit vermehrter Trachtenfußung.

Der Gesamteindruck deutet auf große Schmerzen hin. Das Pferd stöhnt, ist apathisch, hat gegebe-nenfalls Durchfall und zeigt Fressstörungen. Die Vorderhufe sind sehr warm und lassen sich nur mit sehr großer Mühe aufnehmen. Der Puls an den Zehenseitenarterien ist absolut deutlich fühlbar und erhöht.

Die wechselseitige Belastung der Vorderhufe geschieht jetzt öfter, es hebt die Hufe abwech-selnd und krampfhaft in die Höhe und setzt sie zaghaft und ängstlich wieder auf den Boden. Dabei »stelzen« sie hin und her und sehen sich nach der einen wie nach der anderen Seite um, wobei diese Verhaltensweise zuweilen auch für

Das liegende Pferd zeigt deutliche Schmerzen.

Das Pferd liegt jetzt sehr oft. Im Stehen ist auch beobachtet worden, dass es sich mit dem Unterkiefer beispielsweise auf den Futtertrog aufstützt oder mit dem Hals an Gegenständen anlehnt, was die Atmung beeinträchtigen kann.

Kategorie IV – Die schwere Hufrehe
Die letzte Stufe zeigt nochmals verstärkt die Symptome der Kategorie III. Dem Pferd fällt das Stehen und Gehen jetzt sehr schwer, es ist ihm fast unmöglich. Es zittert auf den am meisten betroffenen Beinen und legt sich nieder. Es streckt die Beine im Liegen abwechselnd aus, winkelt sie wieder an und gibt unter Ächzen und Stöhnen mit großer Unruhe und Angst die extremen Schmerzen zu erkennen. Das Pferd liegt in diesem Stadium fast nur noch und kann ausschließlich unter erheblichem Aufwand zum Aufstehen motiviert werden.

Vornehmlich in den beiden letzten Stadien kann es auch zu einem Sohlendurchbruch oder zum sogenannten Ausschuhen kommen. Ein Sohlendurchbruch, das heißt das Durchdringen der Hufbeinspitze durch die Sohle kommt bei einer erheblichen Hufbeinsenkung vor, insbesondere, wenn die Hufsohle dünn ist. Hat die Hufbeinspitze die Sohle durchstoßen, besteht zusätzlich eine große Infektionsgefahr durch eindringende Bakterien. In diesem Fall müssen jedenfalls ein Hufverband mit antibiotischen Substanzen und eventuell die systemische Verabreichung von Antibiotika eingeleitet werden.

Das Ausschuhen kann ein plötzlich eintretender Prozess sein, der sich innerhalb weniger Stunden vollzieht. Er kann aber auch schleichend einsetzen. Hierbei löst sich im Bereich des gesamten Kronrandes die Hornschale ab. Einzelne kleinere

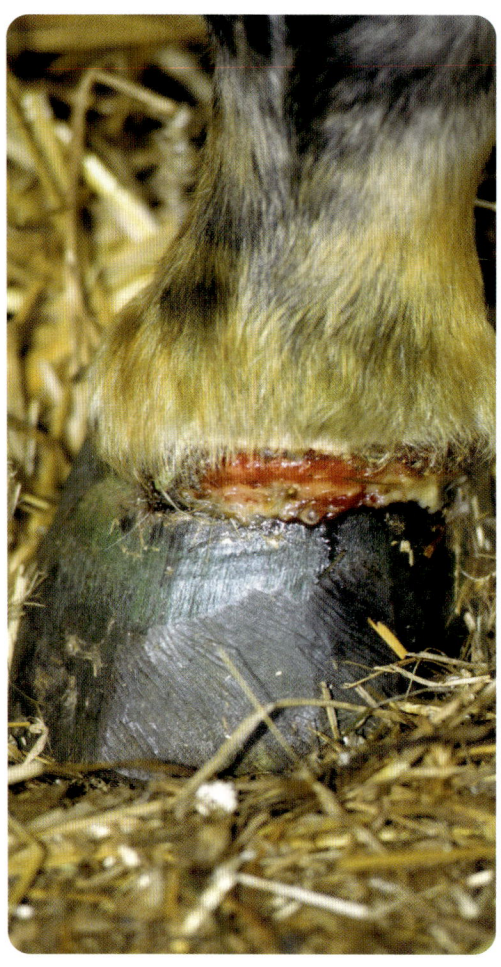

Wunden am Kronrand, aus denen Wundflüssigkeit und Eiter austritt, können, müssen aber nicht auf ein Ausschuhen hindeuten und bedürfen dringend einer lokalen Behandlung, das heißt Desinfektion.

»Ausschuhen« oder zirkuläre Kronsaumablösung?

Ausschuhen bedeutet die komplette Ablösung der Hornkapsel. Löst sich nämlich der Hornschuh ringsherum um den Kronenbereich sowie auch im Ballenbereich, ist die Hornproduktion unterbro-

Nicht jede Ablösung am Kronsaum bedeutet, dass das Pferd ausschuht.

chen und der Huf verloren. In diesem Fall treten die Pferde nicht mehr auf.

Kleinere Öffnungen am vorderen und seitlichen Kronsaum, wie im ersten Fallbeispiel beschrieben, aber auch längere beziehungsweise breitere Öffnungen in diesen Bereichen gehören nicht zum Ausschuhen, sondern werden als zirkuläre Kronsaumablösung bezeichnet, die durch das Austreten von Eiter und Wundsekret sogar erwünscht sind und dem Pferd sichtliche Erleichterung bringen.

In einem vorliegenden Fall öffnete sich der Kronsaum einer 9-jährigen Araberstute nach etwa einwöchigen Rivanolverbänden an einem Huf über einer Länge von circa zehn Zentimetern im vorderen und seitlichen Hufbereich. Durch anfänglich falsche Behandlung entstand in der Folge ein Wundbereich von derselben Breite und etwa drei Zentimetern Höhe. In den folgenden drei Monaten wurde diese Kronsaumöffnung mit speziellen Wundauflagen behandelt (zunächst mit »Algisite M«, einem Calciumalginat, das die Sekretion aufsaugt und gleichzeitig in ein Wundgel umwandelt; später mit »Fucidine® Gaze« bei weniger starker Sekretion), die mittels eines elastischen Klebevlieses (Fixomull®-Stretch) fixiert und der Huf anschließend verbunden wurde.

Damit die Stute den Huf zum Verbinden nicht zu lange hochhalten musste, wurde das Verbandsmaterial zum Teil vorgeklebt, sodass sie ihren Huf nur einmal anheben und mittig auf das vorbereitete Verbandsmaterial aufsetzen musste. Der Rest konnte dann am abgesetzten Huf verklebt werden.

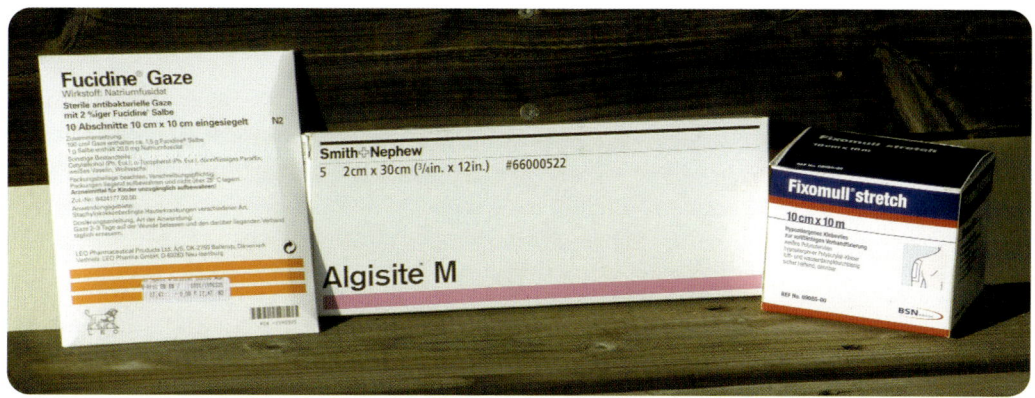

Spezielle Wundauflagen und elastische Klebevliese aus der Humanmedizin
helfen bei der Wundheilung solcher Kronsaumablösungen.

Gut vorbereitet lässt sich ein Hufverband am schmerzhaften Rehehuf schnell
und problemlos anlegen.

Hufrehe behandeln

Hufrehe behandeln

Jeder Fall von Hufrehe ist unterschiedlich und muss daher individuell behandelt werden. Alle Beteiligten, also Pferdebesitzer, Tierarzt und Hufschmied, müssen umgehend eingreifen und gemeinsam daran denken, dass sehr schnell eine Verschlechterung eintreten kann. Ziel der therapeutischen und rehabilitierenden Bemühungen sind die Linderung der Schmerzen, das Einschränken des Entzündungsprozesses, die Verhinderung einer Hufbeinsenkung/-rotation und eine kontinuierliche Korrektur der Rehehufe durch eine langfristig angelegte Hufbearbeitung.

Sofortmaßnahmen durch den Pferdebesitzer, Tierarzt und Hufschmied

Ist eine Hufrehe diagnostiziert, müssen sofortige Erste-Hilfe-Maßnahmen eingeleitet werden. Hierbei sollten Pferdebesitzer, Tierarzt und Huffachmann eng zusammenarbeiten und nach Möglichkeit bei der Art der Behandlung einer Meinung sein. Denn nur so ist eine schnelle und effektive Hilfe überhaupt durchführbar. Stehen gegensätzliche Meinungen im Raum, sollte eine zweite oder dritte Fachmeinung eingeholt werden, um einen Konsens zu erzielen.

Auf den Pferdebesitzer kommt die Hauptarbeit zu. Er muss letztlich entscheiden, was gemacht wird, muss Tierarzt und Huffachmann regelmäßig über den Krankheitsverlauf unterrichten und sein Pferd gegebenenfalls rund um die Uhr betreuen, was großes Engagement, Zeitaufwand und Organisationstalent erfordert.

Glück im Unglück in Hinsicht auf die Kühlung bei einer Hufrehe im Winter.

Definition aus dem Jahre 1895
Brockhaus Konversationslexikon

»Der Aderlass ist die operative Öffnung eines blutführenden Gefäßes, meist einer Vene. Der Zweck des Aderlasses ist, eine gewisse Menge Blut ausfließen zu lassen, um entweder die Blutmenge im ganzen Körper oder in einem einzelnen Organ zu vermindern, die Blutbeschaffenheit zu verbessern oder den Kreislauf des Blutes wieder anzufachen«.
Weiter heißt es:
»Bei Haustieren wird der Aderlass heutzutage viel seltener gemacht als in früheren Zeiten. Nur bei rheumatischen Hufentzündungen (Rehe), akuter Gehirnentzündung und Lungenentzündung im Beginne ist Aderlass am Platze. Auch bei der sogenannten schwarzen Harnwinde des Pferdes hat Fröhner den Aderlass warm empfohlen. Der Aderlass kann an den verschiedensten Adern, d.i. Venen, gemacht werden, an der Sporader, an den Fesselvenen, an der Vorarmvene, der Bugader und der Schrankader. (...) Die Menge Blut, die entzogen werden darf, beträgt beim Pferd drei, höchstens fünf Kilogramm.«

Der Aderlass

Eine der Sofortmaßnahmen durch den Tierarzt ist der sogenannte Aderlass.

Wie bereits erwähnt, gelangen mit dem Blutkreislauf die toxischen Stoffe durch das Absterben der Bakterien im Dickdarm auch in die Hufe, wo sie ihr Unheil anrichten. Es liegt also nahe, bereits beim Entstehungsprozess der Hufrehe durch eine Blutentnahme den Anteil der Giftstoffe zu verringern, um die krankheitsauslösenden Vorgänge zu verlangsamen. Das Problem – und damit auch

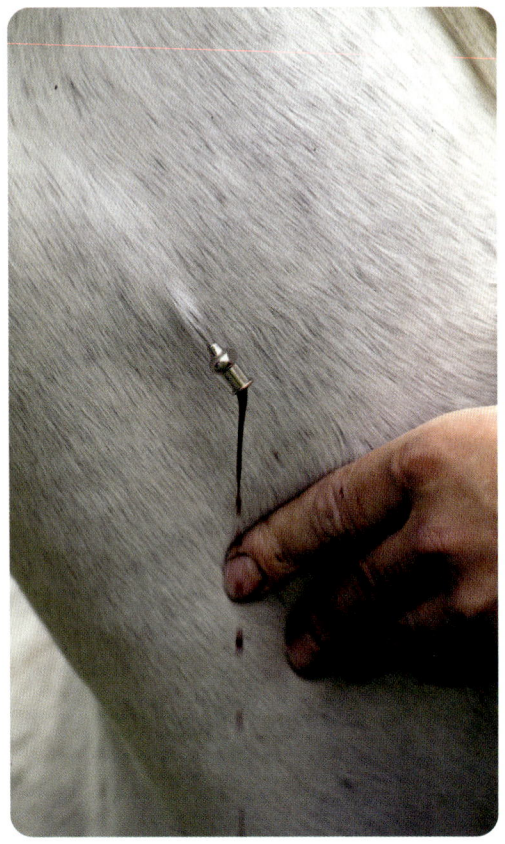

Beim Aderlass kann venöses Blut an der Drosselvene entnommen werden.

eine Blutverdünnung ein. Das Blut kann schneller zirkulieren und durch die entsprechenden Gefäße beziehungsweise Kapillaren dringen. Diese vom Pferdeorganismus durchgeführte und einige Zeit in Anspruch nehmende Bluterneuerung (Blutersatz) sollte **immer** durch Verabreichung der gleichen Menge einer Elektrolytlösung vom Tierarzt unterstützt werden.

Auf jeden Fall ist ein Aderlass sinnvoll, da er den Anteil der prozentualen Gerinnungsfaktoren und Blutblättchen verdünnt und somit der Störung in der Hufleberhaut entgegenwirkt. Zusätzlich kann im Rahmen eines Aderlasses auch die Verabreichung gerinnungshemmender Medikamente wie zum Beispiel Heparin sinnvoll sein. Auch hier scheiden sich die Geister, weil eine gegebenenfalls Überdosierung von Heparin gleichzeitig beträchtlichen Schaden anrichten kann.

die Argumentation der Aderlass-Gegner – besteht darin, dass ein Aderlass meist erst dann gemacht wird, wenn die klaren Symptome einer Hufrehe bereits bestehen, der Prozess also bereits in vollem Gange ist. Welchen Vorteil bringt also ein Aderlass im Stadium der akuten Rehe?

Fest steht, dass durch den Aderlass die Konzentration der im Blutkreislauf befindlichen Giftstoffe sowie Blutgefäß verengende Stoffe abnimmt. Das geschieht dadurch, dass der Pferdekörper die durch den Aderlass fehlende Blutmenge zunächst durch Blutflüssigkeit ersetzt. Erst später werden neue Blutkörperchen gebildet. Es tritt somit zuerst

Die Durchführung eines Aderlasses ist bei manchen Pferden nicht ganz einfach. Auch sollte der Pferdebesitzer oder der Helfer relativ starke Nerven haben, denn das Abnehmen von bis zu fünf Litern Blut (die in manchen Fachschriften angegebene Menge bis zu zehn Litern Blut ist zu viel und auch nicht ohne weiteres durchzuführen) verlangt hohe Konzentration von Tierarzt und Hilfskraft. Unter Umständen ist das Pferd über diesen ungewöhnlichen Vorgang äußerst beunruhigt. (Ob es der Geruch des eigenen Blutes ist, welches das Pferd mit seinem überlegenen Geruchssinn sehr intensiv wahrzunehmen scheint oder der vermutlich unangenehme Vorgang selbst, ist nicht ganz

Das lange Kühlen mit Eiswasser ist effektiver als kurzes Abspritzen mit dem Wasserschlauch.

klar.) Eventuell fängt das Pferd nach einiger Zeit der Blutentnahme an zu zittern und es entsteht der Eindruck, es würde Kreislaufprobleme bekommen. Auch die optische Wahrnehmung beim Pferdebesitzer kann während des Aderlasses Probleme bringen, denn das in einem Eimer oder Behälter aufgefangene Blut verteilt sich im Rahmen des unruhig verlaufenden Vorgangs nicht selten auf der Stallgasse oder in der Box. Die Dauer des Aderlasses richtet sich nach dem Blutdruck, der Lage der Vene und der Halsmuskulatur des Pferdes. Pony-Venen zum Beispiel liegen oft tief und werden durch Anspannen der Muskeln abgedrückt.

Eine weitere Möglichkeit der lokalen Entziehung des Blutes ist der punktuelle »Aderlass« durch Blutegel, die am Hufbereich angesetzt und heute wieder vermehrt bei Entzündungen der Hufe angewendet werden. Hierbei werden die etwa 20 cm langen sogenannten Kieferegel (Hirudo medicinalis) für medizinische Zwecke genutzt (siehe hierzu auch das Kapitel »Hufrehe behandeln, Blutegeltherapie«).

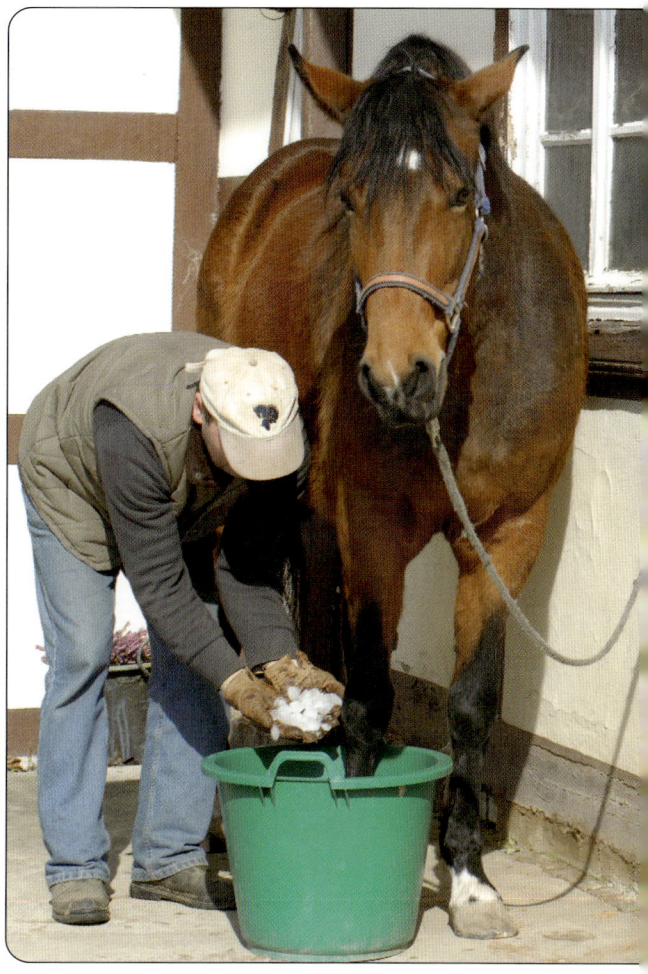

Kühlen der betroffenen Hufe

Wenn beim Pferd die akute Hufrehe erkannt wurde, ist es außerordentlich wichtig, die erkrankten Gliedmaße – insbesondere die Hufe – zu kühlen. Die einfachste, aber auch viel Zeit in Anspruch nehmende Kühlmethode ist fließendes Wasser aus dem Schlauch, welches man abwechselnd auf die betroffenen Hufe und im Bereich der Röhrbeine fließen lässt.

Das ist mehrmals am Tag notwendig, also in Intervallen und mindestens 20 bis 30 Minuten lang, damit es richtig wirkt. Anfangs sind Rehepferde bei dieser Kühlung relativ unwillig und tippeln hin und her. Nach circa 10 Minuten steht das Pferd ruhig und merkt die Erleichterung. Hierzu muss man das Pferd aber jedes Mal aus seiner Box oder aus dem Offenstall herausholen und auf den Abspritzplatz verbringen. Das ist auf Dauer nicht einfach, umständlich, Zeit und Nerven raubend.

Im Sommer kann man ein Rehepferd mehrmals am Tag in einen Bach stellen.
Das kühle, fließende Wasser schafft Erleichterung.

Eine weitere Möglichkeit ist, die Hufe in mit sehr kaltem Wasser (Eiswürfel hinzugeben) aufgefüllte Behälter aus elastischem Kunststoff wie beispielsweise kleine, runde und flexible »Mörtelwannen« zu stellen – auch das sollte mehrmals am Tag wiederholt werden.

Der Vorteil dieser Art des Kühlens ist, dass sie in der Box vonstatten gehen kann. Nachteil ist die umständliche Handhabung der schweren Wasserbehälter, nicht selten fällt ein Behälter um und hinterlässt klatschnasse Einstreu.

Befindet sich zufällig ein Bach in unmittelbarer Nähe des Stalles, kann das Pferd dort hinein-

gestellt werden. Sollten sich Steine auf dem Bachgrund befinden, müssen diese auf jeden Fall entfernt werden. Mit viel Einfallsreichtum kann ein provisorisches Zäunchen im Bereich des Bachlaufs eingerichtet werden, circa drei auf drei Meter, damit sich das Pferd darin umdrehen kann. Ein befreundeter Artgenosse sollte sich in der Nähe befinden.

Im schneereichen Winter ist die Hufkühlung leichter durchzuführen. In diesem Fall belässt man das Pferd einfach einige Zeit oder in Intervallen im Paddock oder der angrenzenden Wiese, auf der man mit mobilem Elektrozaun einen Bereich absteckt, auf dem besonders viel Matsch oder Schnee vorhanden ist. Bei gefrorenem Boden ohne Schnee ist diese Kühlungsart natürlich nicht möglich!

Durch intensives und lang andauerndes Kühlen der Hufe ist es möglich, in den betroffenen Hufen eine Ödembildung (Ödem = griechisch: Wassersucht; krankhafte Ansammlung aus dem Blut stammender wasserähnlicher Flüssigkeiten in den Gewebsspalten des Hufes) zu vermindern oder gar zu verhindern und damit den krankhaften Prozess entscheidend zu hemmen. Darüber hinaus lindert das Kühlen sichtlich den Schmerz. Die entzündeten Bereiche – also die inneren Bereiche des Hufes um das Hufgelenk und darunter – müssen dabei unbedingt ausreichend lange (mindestens 20–30 Minuten mehrmals täglich; im Idealfall 48 Stunden an einem Stück) gekühlt werden. Denn eine nur wenige Minuten dauernde kurze Kühlung kühlt lediglich die oberflächlichen Haut- und Hornschichten ab und führt durch den Regulationsmechanismus des Körpers zu einer verstärkten Durchblutung der gesamten Region (»reaktive Hyperämie«). Da die entzündeten Bereiche ohnehin durch die Entzündung schon zu stark durchblutet werden, verstärkt man mit einer zu kurzen Kühlung diesen Effekt. Deshalb kann eine zu kurze Kühlung kontraproduktiv wirken und zu mehr Entzündung und Schmerzen führen!
Bei ausreichend langer Kühlung erreicht die Kälte dagegen die Tiefe. Das Ergebnis ist eine Verringerung der örtlichen Entzündung mit einer erheblichen Schmerzlinderung.

Die »Frost-Therapie« ist bei Sportverletzungen (Kryotherapie; »Kryo« = griechisch für Eis, Kälte, Frost) in der Humanmedizin schon seit Hippokrates bekannt. Im Hufrehegeschehen hat hierbei besonders der Australier Professor Pollitt durch neueste Forschungen die bedeutende Wirkung der Kältetherapie nachgewiesen. Er verursachte bei gesunden Pferden durch übermäßige Verfütterung von Fruktan Hufrehe. Dann stellte er diese Pferde 48 Stunden lang mit nur einem Bein in einen bis zum Vorderfußwurzelgelenk reichenden Behälter mit Eiswasser und einer Wassertemperatur um 5 Grad Celsius. Dabei entstand im gekühlten Bein keine Hufrehe, im ungekühlten nahm die Erkrankung ihren Lauf. Darüber hinaus stellte er fest, dass eine 48 Stunden dauernde Kühlung keine krankhaften Veränderungen von Fell, Haut und Hufen verursachte.

Wie können diese Forschungsergebnisse nun aber realistisch in der Praxis umgesetzt werden? Welcher Pferdebesitzer oder Tierarzt stellt das betroffene Pferd – vorausgesetzt auch noch, die Hufrehe wird rechtzeitig erkannt – 48 Stunden lang ununterbrochen in einen kalten Bach, in einen Behälter mit 5 Grad Celsius kaltem Eiswasser oder kühlt die Hufe zwei Tage lang mit fließendem Wasser aus dem Wasserschlauch? Und welche Pferdeklinik in Deutschland führt eine solche rechtzeitige und wirkungsvolle Kryotherapie durch?

In diesem Zusammenhang sind seit September 2005 interessante Produkte der Firma Tex2recool GmbH (Bezugsadressen siehe Anhang) auf den Markt gekommen: Kühlglocken und Kühlgamaschen. Sie enthalten ein spezielles Granulat, welches sich nach etwa 20 minütiger Wässerung in einem kalten Wasserbehälter aktiviert und einen Kühleffekt auf der Basis von Verdunstung

Der durch Verdunstung entstehende Kühl-effekt bei Kühlgamaschen und -glocken ist besonders bei höheren Temperaturen im Sommer effektiv.

Infolge dieser ständigen Kühlung der Oberflächen ist davon auszugehen, dass der Kühleffekt auch in den tieferen – und hier besonders ausschlagge-benden – Bereichen des Hufes wirkt. Allerdings hat ein von uns durchgeführter Test ergeben, dass die vom Hersteller angegebene maximale Kühl-dauer von 48 Stunden an einem Stück nicht gehal-ten werden konnte. So ließ die kühlende Wirkung nach einigen Stunden nach und beide Gamaschen und Glocken mussten mit kaltem Wasser wieder »aufgeladen« werden (Anguss des Innen- und Außenbereichs mit Wasser aus einer Gießkanne). So kann eine wirksame und dauerhafte Kühlung nur gewährleistet werden, wenn Gamaschen und Glocken in den maßgebenden 48 Stunden mehr-fach auf diese Weise aktiviert werden. Interessant dürfte diese unabhängige Kühlmethode besonders für Pferdekliniken sein, da sie weniger Personal- und damit Kostenaufwand verursacht als das täglich vielfache Herausholen des betroffenen Pferdes zum Abspritzplatz oder das Einstellen der Pferdehufe in kalte Wasserbehälter.

erzeugt. So werden die Oberfläche des Hufes (Kühlglocke) und die der Haut vom Krongelenk bis zum Vorderfußwurzelgelenk (Kühlgamasche) dauerhaft um etwa 5° Celsius kälter als die sonst übliche Temperatur an Haut und Horn gekühlt.

Weiterhin gibt es für Rehepferde, die im Offenstall leben, noch die Möglichkeit, an einer Stelle des Paddocks eine circa 40 Zentimeter tiefe Grube auszuheben, circa drei auf drei Meter. In diese Grube wird eine stabile Plastikplane eingelegt, darauf circa zehn Zentimeter Sand aufgebracht und dann mit Wasser aufgefüllt. Nicht selten geht das betroffene Pferd von selbst in diese Wasser-grube. Wenn nicht, kann auch hier mit einem

! Heiße Rivanolbäder

Gute Erfahrungen haben wir mit anschnallbaren Hufschuhen gemacht, in die warmes bis heißes Wasser mit aufgelösten Rivanol-Tabletten eingebracht werden. Rivanol® ist der Handelsname des Wirkstoffs »Ethacridinlactat« und wird vor allem zur Behandlung infizierter Wunden wie Abszesse verwendet, indem es an der RNA-haltigen Zytoplasmamembran der Bakterien wirkt. Die Bindung des Rivanols an die bakterielle DNA beziehungsweise RNA verhindert die Proteinbiosynthese der Bakterien, wodurch die weitere Vermehrung der Bakterien aufgehalten wird. Bei der Durchführung von Rivanol-Umschlägen muss/müssen der/die Huf(e) immer feucht gehalten werden.

Nicht einfach ist das Aufbringen der Hufschuhe auf die hochgradig schmerzempfindlichen Hufe. Neben dem allseitig umschlossenen Schweizer Hufschuh (Swiss-Horse-Boot) eignen sich bedingt auch sogenannte Krankenschuhe wie der »Pro-Fit« oder »Equaline-Shoe«. Sie können bei akuter Hufrehe durch ihre harte Schale allerdings zu zusätzlichen Druckschmerzen führen.

Die Heißbehandlung mit Rivanol® kann mit Hilfe eines Hufschuhs durchgeführt werden.

Die einzelnen Bestandteile, die man für einen Weißkohlumschlag benötigt, sind meist vorhanden, sodass er schnell angefertigt ist.

mobilen Elektrozaun (aber bitte ohne Strom!) eine provisorische Einfriedung errichtet werden, in der das Pferd in Ruhe und ungestört von den anderen Offenstallpferden einige Zeit zum Kühlen verweilen kann.

Umschläge mit Weißkohl
Der Weißkohl gehört zu der Pflanzengattung der Kreuzblütler mit weichen Blättern und weißen Köpfen (Brassica oleracea L.capitata) und dient unter anderem zur Herstellung von Sauerkraut. Weißkohl wurde bereits in der Bronzezeit verwendet und vor allem die alten Ägypter und Römer schätzten diese Art des scharfen Kreuzblütlers nicht nur für den Verzehr (Anregung der Verdauung), sondern auch für medizinische Zwecke auf-

grund ihrer antibiotischen Wirkung. Charakteristische Inhaltsstoffe sind Glucosinolate, Sinalbin- und Ferulasäure (Phenylpropanderivate). In der Humanmedizin werden diese Bestandteile als pharmazeutische Hilfsstoffe, bei rheumatischen und neuralgischen Beschwerden, bei Bronchitis und Harnwegsinfektionen verwendet.

Huf-Umschläge mit frisch zerkleinertem Weißkohl sind seit langem ein bewährtes Hausrezept, fördern die Durchblutung und »ziehen die Entzündung« aus den Hufen. Allerdings darf man keine Wunder erwarten. Schaden können solche Umschläge allerdings, wenn man sie tagelang ohne abzunehmen an den Hufen belässt und sich hierdurch ein permanenter Hitzestau ohne die Möglichkeit der wichtigen Kühlung entwickelt.

Der frische, zerkleinerte Weißkohl (für die Behandlung von zwei Hufen benötigt man circa einen halben Kohl) wird in eine strapazierfähigen Plastiktüte gegeben. Hier stellt man den Huf hinein und umwickelt den oberen Bereich der Plastiktüte mit einem stabilen Klebeband. Darauf wird eine Jute-Tüte, die mit einer elastischen Binde komplett, also Huf und Röhrbein, eingebunden wird, damit der Umschlag nicht abfällt. Schließlich fixiert man das Ganze noch einmal mit Klebeband. Wichtig ist, dass man nicht allzu fest wickelt, damit kein Blutstau entstehen kann. Den Umschlag sollte man einige Tage hintereinander anbringen und jeweils einige Stunden dranlassen, damit er seine volle Wirkung entfalten kann. Nach dem Abnehmen müssen die Hufe lange gekühlt werden.

Untergrund und Bodenbeschaffenheit

Als weitere Sofortmaßnahme muss die Beschaffenheit des Bodens, auf dem das rehekranke Pferd läuft, überprüft werden. Der beste Untergrund ist ein steinfreier Sandplatz, eine Matschfläche oder eine gleichmäßige Fläche mit Schnee. Allen diesen Böden ist gemein, dass sie beim Auffußen der betroffenen Hufe einen gleichmäßigen Druck auf die Sohle ausüben, also auch die konkave Form der Sohle ausfüllen.

Nicht gut sind ein harter Beton- oder Asphaltboden, denn beim Auffußen auf diese Flächen muss der Tragrand alleine den Druck aufnehmen, die Sohle erfährt keinen Gegendruck und wird bei jedem Bodenkontakt zwangsläufig nach unten gedrückt, was sehr schmerzhaft ist und jedes mal den beschädigten Aufhängeapparat beansprucht. Sehr problematisch sind Steine und Steinchen, die auf dem Weg liegen, auf dem das Pferd beispielsweise von seiner Box oder seinem Offenstall zum

> **Tipp:**
>
> *Zum kurzzeitigen Überbrücken von harten, steinigen Flächen können auch über die Hufe gezogene Socken mit eingelegten Schwämmen verwendet werden. Hierbei sollte der Schwamm möglichst die gesamte Sohle ausfüllen. Die Socken können zum besseren Halt in den Fesselbeugen mit Kreppband umwickelt werden, allerdings darf nicht eingeschnürt werden.*

Abspritzplatz oder dorthin gebracht wird, wo es vom Tierarzt behandelt oder wo es gegebenenfalls für die Fahrt in die Pferdeklinik verladen wird. In diesem Fall müssen die Steine im Bereich einer Lauffläche von circa einem Meter entfernt werden, eventuell sogar auf diesen Laufstreifen Sägemehl oder Stroh gestreut werden. Auch das Auslegen von Gummimatten oder notfalls auch von Teppichresten ist denkbar und hilfreich.

Auf vielen Paddocks befinden sich Gegenstände, die gesunden Pferden keine Probleme bereiten wie etwa Holzstückchen, Äste, natürlich auch Steine, die aber für das Rehepferd eine ständige Belastung sind. Diese müssen rigoros entfernt werden.

Sehr problematisch sind sogenannte Drainageflächen aus Rundkieselsteinen oder gar scharfkantigen Schottersteinen, die oftmals auf Bereiche aufgebracht werden, die sehr anfällig für Matschbildung sind, also beispielsweise Eingangs-

Unebene und steinige Paddockflächen müssen egalisiert werden.

bereiche vor Innenställen oder Auslaufzonen in die Weide. Hier ist die Phantasie der Pferdebesitzer gefragt. Entweder schüttet man gewaschenen, steinfreien Sand auf diese Flächen, legt ausgediente Vlies-Gewebematten aus der Papierfabrik (oftmals umsonst erhältlich) darauf oder streut viel Stroh, Sägespäne oder Rindenmulch darüber, um dem Rehepferd das Überqueren dieser Flächen zu erleichtern. Dasselbe gilt für Beton- und Asphaltflächen wie Stallgassen.

Ebenfalls problematisch sind unebene oder matschige Paddockflächen, die bei eisiger Kälte hart frieren. Hält man im Winter ein Rehepferd auf solchen Flächen, sollte man die Wettervorhersagen genau verfolgen und bei drohendem Bodenfrost diese Flächen mit einem Traktor und zum Beispiel einer Wiesenschleppe oder einem angehängten Holzstamm gerade ziehen. Hat man dieses Gerät nicht, muss man zumindest mit einem Rechen von Hand die gröbsten Erhebungen glatt ziehen und entschärfen. Generell aber ist eine hart gefrorene Paddockfläche, auch wenn sie glatt gezogen wird, als sehr unvorteilhaft für das Rehepferd in der Rekonvaleszenz einzustufen.

Hufverband

Eine weitere Sofortmaßnahme bei akuter Hufrehe ist das Anlegen eines Hufverbandes mit stoßdämpfender Eigenschaft. Er besteht aus sechs übereinander angeordneten Schichten. Die innerste Schicht ist Verbandswatte, die um den Huf gelegt wird. Darüber wird Polsterwatte gewickelt, die mit einer elastischen Binde fixiert wird. Darauf folgt eine selbstklebende Binde, die schließlich mit einem wasserabweisenden Klebeband umgeben wird. Zur zusätzlichen Dämpfung kann zwischen Verbands- und Polsterwatte im Bereich der Hufsohle nochmals ein Polster aus gefüllten Röllchen oder gefalteter Watte eingelegt werden.

Anlegen eines mehrschichtigen Hufverbandes.

Einzel- beziehungsweise Boxenhaltung (Einstreu)

Die beste Einstreu für Rehepferde, die in Boxen stehen, ist eine Unterschicht aus frischen, möglichst staubarmen Sägespänen, auf die gutes Stroh aufgebracht wird, so dass beim Stehen ein ständiger Gegendruck auf die konkave Sohle besteht. Wird nur Stroh auf hartem Boden eingestreut, kann dieser Gegendruckeffekt kaum erzeugt werden. Auch sollte die Box unbedingt größer sein, als die von der Reiterlichen Vereinigung (FN) empfohlenen Mindestmaße von 2.80 auf 3.00 Meter für ein Großpferd. Denn wenn sich das Pferd hinlegt, gelangt es durch seine Krankheit bedingte Unbeweglichkeit nicht selten an die Boxenwand, kann sich festlegen oder hat große Schwierigkeiten, wieder auf die Beine zu kommen. Hat man eine solche Box, kann man sich zum Beispiel mit einem anderen Pferdebesitzer, der eine größere Box für sein Pferd gemietet hat, einigen und für die Zeit der akuten Hufrehephase die Boxen tauschen. Noch besser wäre eine große Außenbox mit Doppeltür, aus der das Rehepferd, während es steht, herausschauen kann und abgelenkt ist.

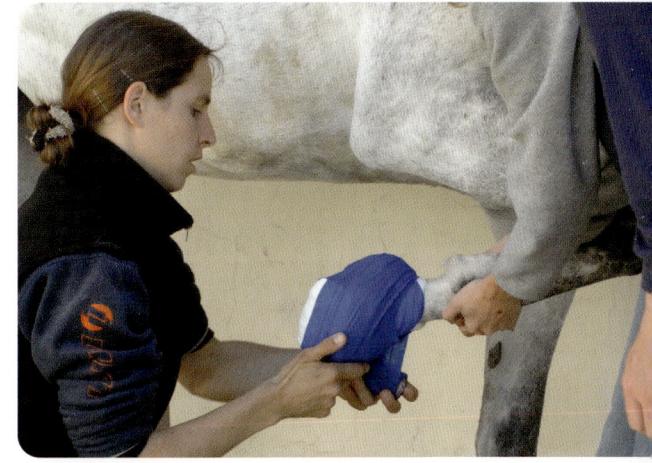

Völlig ungeeignet sind sogenannte Quarantäneboxen, die oftmals abgeschottet sind und in denen keinerlei Sozialkontakt mit Artgenossen möglich ist. Dem ohnehin schon psychisch angeschlagenen Rehepferd wird dann zusätzlich der überaus wichtige Kontakt zu anderen Pferden verweigert, es regt sich auf und steht ständig unter Stress, was für die Genesung nicht unbedingt zuträglich ist.

Die Möglichkeit zu ausreichendem Sozialkontakt muss gewährleistet sein.

Entlastung durch den Pferde-Schwinglifter

Neu auf dem Markt ist der so genannte »Pferde-Schwinglifter« der Michael Puhl Hufbeschlag-Schmiede aus Losheim am See, mit dem ein an akuter Hufrehe erkranktes Pferd längerfristig bis zu mehreren Wochen teilentlastet werden kann und der sowohl beim Stehen als auch in der Bewegung inner-halb der Box das Körpergewicht von 50 bis zu maximal 250 Kilogramm durch Anheben »verringert«. Dabei kann sich das Pferd während der ständigen und gleichmäßigen Entlastung frei in der Box bewegen und sogar hinlegen. Die Hufe haben dabei zu jeder Zeit Bodenkontakt und werden dennoch in jeder Bewegung gleichmäßig und effektiv entlastet.

Der Schwinglifter wird zurzeit hauptsächlich in Pferdekliniken eingesetzt, kann aber auch im heimischen Stall in der Box montiert werden. Dadurch ist sein Einsatz auch bei nicht transportfähigen Pferden möglich. Hierzu wird ent-weder eine mitgelieferte mobile Box des Pferde-Schwinglifters freistehend genutzt oder dieser in eine bestehende Box eingebaut (Mindestmaß 2,65 x 2,65 Meter, Standardmaß 3,00 x 3,00 Meter).

Die Konstruktion besteht aus einer federnden und frei drehbaren Einpunkt-Aufhängung in einem beweglichen Schienensystem. Das durchdachte und schonende Gurtsystem kann der Größe und Form des Pferdes flexibel ange-passt werden und ermöglicht so einen Einsatz über mehrere Wochen.

Eine sofort sichtbare Schmerzerleichterung bei akuter Hufrehe bestätigt auch Dr. Oliver Genot von der Pferdeklinik an der Rennbahn Iffezheim bei Baden-Baden (www.pferdeklinik-rennbahn.de): »Unser erster Anwendungsfall war ein Pferd mit akuter Hufrehe auf allen vier Hufen. Sobald das Pferd durch das Gurtsystem des PM Pferde-Schwinglifters entlastet wurde, war für alle Anwesenden klar, dass sich das Pferd deutlich erleichtert fühlte. Es bewegte sich sofort erstaunlich gut in der Box. Unsere Erfahrungen seitdem bestätigen, dass der Einsatz des PM Pferde-Schwinglifters in der akuten Phase der Hufrehe und über weitere drei Wochen im Anschluss die schnelle Genesung der Pferde maßgeblich unterstützt.«

Mit dem »Pferde-Schwinglifter« kann das an akuter Rehe leidende Pferd »aufge- hängt« und sein Körpergewicht merklich reduziert werden, ohne den Bodenkontakt zu verlieren (Foto: Hersteller).

Gruppenauslauf oder Offenstallhaltung

Sollen Pferde mit akuter Hufrehe, die in einem Gruppenauslauf beziehungsweise im Offenstall gehalten werden, kurzfristig von ihren Artgenossen getrennt werden, muss unbedingt der Sozial- kontakt erhalten bleiben. Hierbei müssen auch Rangordnung, Pferde-Freundschaften, Beschaffen- heit der Gebäude, die Anordnung von Flächen (insbesondere Raufutter-, Liege- und Ruheplätze), sowie Ort und Lage der angrenzenden Weide- flächen berücksichtigt werden.

Auf keinen Fall darf das rehekranke Pferd gedan- kenlos in einen abgetrennten Offenstall oder In-

nenstall verbracht werden, während seine Art- genossen um mehrere Ecken herum und ohne Sichtkontakt auf Koppeln stehen. Das würde wiederum eine zusätzliche psychische Belastung bedeuten, die schaden kann.

Weitere Stresssituationen können entstehen, wenn ein an akuter Hufrehe erkranktes Pferd in einer Offenstallgemeinschaft eine hohe Rangord- nungsposition besitzt und ohne von seinen Art- genossen getrennt zu werden, in schwacher kör- perlicher Verfassung seine Rangordnung verteidi- gen muss. Wer schon einmal eine Offenstallherde beobachtet hat, wird feststellen, dass es ständig und zu jeder Zeit kleinere Rangeleien hinsichtlich der Rangordnung gibt. Ob es der beste Platz an den Raufutterstellen, Ruhezonen oder die Stelle ist, an der das Zusatzfutter verabreicht wird, wie zum Beispiel die Fressstände. Das ranghöchste Pferd wird immer als erstes dort sein und als gesundes Tier zu verteidigen wissen. Gehandicapt durch eine Hufrehe ist das nicht mehr ohne wei- teres möglich, schon gar nicht, wenn andere Pferde in der Rangordnungsfolge spitz bekom- men, dass sich dieses Pferd nicht mehr in der Form verteidigen kann, wie es alle gewohnt sind. In diesem Fall steht ein krankes Pferd ebenfalls unter ständigem Stress, weil es seine Position nicht ver- lieren will. Deshalb ist bei ranghohen Pferden eine sichere Trennung ohne Verlust des Sozialkontaktes von äußerster Wichtigkeit.

Zunächst betrachtet man einmal die Anordnung des Stallbereiches, der verschiedenen Aufenthalts- flächen sowie Ort und Lage der angrenzenden Koppeln und berät mit allen beteiligten Pferde- besitzern, wie eine zeitweise Trennung zwischen dem kranken und den gesunden Pferden am sinn-

*Von der Pferdegemeinschaft separierte Rehepferde sollten immer etwas
Stroh oder Heu zum Knabbern haben.*

vollsten durchzuführen ist. Hierbei sollte man einen Unterstand oder eine Außenbox wählen, die sicher abzutrennen ist, beispielsweise durch eine stabile doppelflügelige Boxentür. Auch denkbar ist ein Innenraum mit großem Fenster, aus dem das separierte Tier die andere Pferdegemeinschaft beobachten kann, ohne sich zurückgestellt zu fühlen. Auf jeden Fall ist ein Sichtkontakt zu gewährleisten, besser noch Schnupperkontakt. In der Weidesaison kann von den anderen Pferden beziehungsweise ihren Besitzern natürlich kaum verlangt werden, dass sie aus Rücksicht auf das Rehepferd die gesunden Pferde nicht auf die Weide verbringen. In einem solchen Fall kann für

das an Hufrehe erkrankte Pferd eine separate, mit spärlichem Gras bewachsene Fläche bereitgestellt werden, die man mit einem mobilen Elektrozaun absteckt, in der es die anderen Pferde sehen und sich hinlegen kann. Auch hier darf die Grasfläche nicht hart und trocken sein. Ist sie es, kann eine Aufschüttung mit Sägespänen oder gewaschenem, steinfreien Sand aufgebracht werden. Sinnvollerweise sollte man eine solche abgetrennte Fläche in nächster Nähe zum Stall errichten, damit das Rehepferd keine weiten Wege zurücklegen muss. Im Sommer bei großer Hitze und Sonneneinstrahlung muss ein mobiler Unterstand aufgestellt werden, wenn nicht zufällig ein Schatten spendender Baum auf dem abgetrennten Weidestück steht. Hierbei´ bieten sich handelsübliche kleine Gartenpavillons an, die es für wenig Geld in vielen Bau- und Gartenmärkten zu kaufen gibt. Auch ein Behälter mit frischem Wasser sowie etwas Raufutter darf auf einem solchen abgetrennten Bereich nicht fehlen.

Werden die Pferde abends hereingeholt, sollte man das Rehepferd als erstes hineinführen, damit keine Hektik entsteht.

Sind bei einer kleinen Offenstallgemeinschaft die Verhältnisse entspannt und übersichtlich, kann das rehekranke Pferd eventuell bei seiner Herde belassen werden. Das ist jedoch von der Schwere der Hufrehe abhängig und eher bei einer leichten oder mittleren Kategorie durchführbar.

Bewegung des Rehepferdes in der akuten Phase – ja oder nein?

Ein strittiger Diskussionspunkt ist die Frage, ob sich ein an akuter Hufrehe erkranktes Pferd bewegen darf oder nicht. Die Gegner führen an, dass die tiefe Beugesehne bei jedem Schritt, den das Pferd macht, Zugkräfte am Hufbein ausübt, die die problematische Hufbeinsenkung beziehungsweise -rotation fördert. Befürworter gehen davon aus, dass ein kontinuierliches Bewegen des leicht an einer Hufrehe erkrankten Pferdes unter »Herdenzwang« durch seine Artgenossen aufgrund der Durchblutungsförderung positiv für die Genesung ist. In älteren Pferdebüchern wird beschrieben und auch von vielen Pferdebesitzern bestätigt, dass unter artgerechten Haltungsbedingungen die akute Hufrehe schnell abklingt, wenn die Pferde zwangsweise bewegt werden. Nach wenigen Schritten kommen diese Pferde in Gang.

Auch Folgeerkrankungen wie beispielsweise Koliken könnten so weniger entstehen. Der Nachteil ist, dass sich ein genesendes Rehepferd bei einer plötzlichen Galoppeinlage der Offenstallgemeinschaft dazu hinreißen lässt, mitzulaufen, was für den (noch) labilen Aufhängebereich der erkrankten Hufe in der Tat sehr nachteilig sein kann.

Am besten ist also, wenn man sich am momentanen Zustand des Pferdes orientiert. Hat es eine hochgradige Rehe mit extremen Schmerzen und liegt es entsprechend viel, sollte man es nicht zur Bewegung zwingen. Verbessert sich sein Zustand oder hat es nur eine leichte Rehe, ist eine dosierte Bewegung auf weichem Boden zumutbar. Sprünge und Galoppaden sollten allerdings nach Möglichkeit vermieden werden! In Absprache mit dem Tierarzt kann ein mäßig dosiertes Beruhigungsmittel sinnvoll sein.

Was füttere ich dem Pferd im akuten Stadium einer Hufrehe?

Bei einer Hufrehe, die durch übermäßige Aufnahme von Frischgras, Klee oder Grassilagen mit hohen Konzentrationen Fruktan beziehungsweise Kohlenhydraten entstanden ist, muss auf der Stelle dafür gesorgt werden, dass das betroffene Pferd keine dieser Futterarten mehr aufnehmen kann. Das heißt, das Pferd darf auf keine Weide mehr verbracht werden, die in Verdacht steht, Hufrehe auszulösen. Auch nicht auf eine abgefressene Koppel, da man inzwischen weiß, dass in frisch gemähten oder kurz gehaltenen Gräsern ebenfalls viel Fruktan vorhanden sein kann.

Stehen als Auslöser Grassilage oder stark fruktanhaltiges Heu (Untersuchung) im Verdacht, dürfen diese auf keinen Fall mehr verfüttert werden. Bei übermäßiger Getreideaufnahme müssen Maßnahmen ergriffen werden, um den Magen-Darm-

»Bewegen im Frühstadium einer Hufrehe«

»Da es sich bei der Hufrehe um das Ergebnis einer Kombination der verminderten Durchblutung der Kapillaren mit einer Koagulopathie (= Störung der Blutgerinnung, der Autor) handelt, ist es logisch, die Behandlung auf die Prophylaxe (= Vorbeugung zur Verhütung der Krankheit, der Autor) dieser Faktoren auszurichten. Da Bewegung bekanntermaßen den Blutfluss durch den Huf fördert, wird es für vorteilhaft gehalten, während der ersten 24 Stunden das Pferd wiederholt kurze Zeit zu bewegen (10 Minuten pro Stunde). Die Bewegung erzielt vermutlich zu Beginn des akuten Stadiums der Hufrehe die beste Wirkung. Bei weiterem Fortschreiten der Erkrankung allerdings ist Bewegung kontraindiziert (Anhaltspunkte, die eine Maßnahme verbieten, der Autor), da sie die Wahrscheinlichkeit einer mechanisch bedingten Trennung des Hufbeins von der Hufwand erhöht. Ältere Empfehlungen, das Pferd zwangsweise drei bis vier Stunden lang zu bewegen, sollten nicht befolgt werden.«
Und weiter heißt es im Abschnitt »Akutes Stadium«:
»Das Bewegen des Pferdes wird von den meisten Autoren empfohlen. Dies ist aber ein zweischneidiges Schwert. Bekanntlich wird durch die Bewegung das Blut aus dem Huf gepumpt, wodurch der Blutfluss gesteigert wird. Daher ist es logisch, schonende Bewegung für die ersten 24 Stunden nach Auftreten des akuten Stadiums der Hufrehe zu empfehlen. In einigen Fällen sind Pferde nach der zwangsweisen Bewegung gesund geworden. Die Bewegung hat aber auf der anderen Seite zwei negative Aspekte:
1) Sie vermehrt die mechanischen Kräfte, die vermutlich zu der Hufbeinrotation beitragen.
2) Die Bewegung kann den von den Schmerzen abhängigen positiven Feedback-Kreislauf fördern, der »Hypertonie« und »Vasokonstriktion« bedingt und erhält.
Aus diesen Gründen ist zu Beginn des akuten Stadiums der Hufrehe begrenzte Bewegung nur zu empfehlen, wenn sie nicht zu einer Verstärkung der Schmerzen führt«.

aus: Ted S. Stashak und H.R. Adams »Lameness in Horses«, Philadelphia 1974

Trakt zu entleeren. Hierbei kann Pflanzenöl verwendet werden. Dieses wirkt einerseits als Abführmittel, andererseits überzieht es schützend die Darmwände, wodurch möglicherweise die Absorption (= Aufnahme) von Toxinen verhindert wird. Pflanzenöl kann alle vier bis sechs Stunden (bis zu 400 Gramm pro Tag) verabreicht werden, bis das Getreide vollständig aus dem Darm ausgeschieden ist. Ingesamt darf bei allen akuten Rehefällen kein Kraftfutter mehr verabreicht werden. Auch sollte man zunächst sicherheitshalber alle Zusatzfuttermittel streichen, die man seinem Pferd üblicherweise beifüttert, damit der gestörte Stoffwechsel nicht unnötig belastet wird.

Mäßige Mengen Äpfel und Möhren eignen sich in der akuten Rehephase gut als Kraftfutterersatz.

Die hauptsächliche Futtergrundlage bei einem Rehepferd im akuten Stadium bilden vor allem gutes, spätgeerntetes Heu und Stroh sowie frisches Wasser, das vom betroffenen Pferd gut erreichbar angeboten werden muss. Bei einem oft liegenden Pferd muss die Tränkung mit der Hand aus einem Eimer erfolgen! Auch sollte man unbedingt Grassilagen, Maissilagen oder andere Silagen meiden.

Gegen eine mögliche Verstopfung haben sich Abführmittel wie Glaubersalz oder Paraffinöl bewährt. Dadurch wird der Magen-Darmtrakt mit seiner beschädigten Darmflora ausgeräumt und die neuerliche Aufnahme von Giftstoffen vermindert.

Eine Ausnahme bilden hochträchtige (9. bis 11. Monat) beziehungsweise laktierende (säugende) Rehestuten, die aufgrund des erhöhten Energiebedarfs entsprechend gefüttert werden müssen, damit sich der Fetus ausreichend entwickeln beziehungsweise die Stute genügend Milch produzieren kann. Hier empfiehlt sich die Fütterung mit fetthaltigen Fertigfuttermitteln, die den Energiebereich decken und keine bedenklichen Anteile von Kohlenhydraten (besonders Stärke) aufweisen. Lesen Sie hierzu auch den Abschnitt zur Verhütung einer Futterrehe.

Eisenbeschlag entfernen
Barhufbearbeitung
Nicht nur bei der kontinuierlichen Hufbearbeitung eines an chronischer Hufrehe erkrankten Pferdes, sondern bereits bei den Sofortmaßnahmen teilen sich die Meinungen in zwei entschieden gegen-

»Frei schwebende Zehe« eines Rehehufes.

sätzliche Lager – sowohl bei den Tierärzten, als auch bei den Hufschmieden. Während die eine Meinung das **Hochstellen der Trachten** mit Hilfe von Rehegipsen, orthopädischen Beschlägen oder klebbaren Hufschuhen favorisieren, um den Zug der tiefen Beugesehne am Hufbein und damit einer drohenden Hufbeinsenkung beziehungsweise -rotation entgegenzuwirken, argumentiert das andere Lager genau gegensätzlich: Betrachtet man die Standposition des unter akuter Rehe leidenden Pferdes, stellt man fest, dass es seine Vorderhufe nach vorne verlagert, um das Gewicht auf die Trachten zu verlegen. Das macht es, um dem Schmerz auszuweichen, der sich im vorderen Bereich der Hufe konzentriert. Die logische Konsequenz kann daher nur das **Zurücknehmen der Trachten und Eckstreben** sein. Mehr zu dieser Kontroverse können Sie im Abschnitt »Abnehmen oder Erhöhen der Trachten?« nachlesen.

In beiden Fällen, also sowohl beim Anheben als auch beim Abnehmen der Trachten, wird unbestritten empfohlen, den Tragrand im Bereich der Zehen abzufeilen, also eine **frei schwebende Zehe** mit dem Ziel zu schaffen, dass der vordere, schmerzhafte Bereich des Hufes bei Bodenkontakt keinen Druck erfährt.

Zusätzlich wird der Zehenbereich (Huf auf Hufbock oder Balken stellen) je nach Stärke der vorhandenen Zehe um circa 10 bis 20 mm weggeraspelt, damit das Pferd beim Laufen über die Zehe besser abrollen kann, was ebenfalls druckmindernd wirkt.

Weiterhin gibt es noch die Sofortmaßnahme der punktuellen, furchenähnlichen oder flächigen »Drainagen« beziehungsweise Dehnungsfugen an der Vorderseite der Hufe. Diese inzwischen aber umstrittene Methode hat den Sinn, den Innendruck, der durch die entzündlichen Vorgänge der Hufederhaut entsteht, zu vermindern, indem durch das Wegnehmen beziehungsweise Einfräsen der Hornwand bis auf die weiße Linie Flüssigkeit austreten und sich der Huf ausdehnen kann.

Bei beiden Methoden – also Trachtenerhöhung oder Trachtenkürzung – muss allerdings – falls überhaupt vorhanden – der bestehende Beschlag entfernt werden, gleichgültig ob Eisen oder Kunststoffbeschlag. Das ist aus zweierlei Gründen kein einfaches Unterfangen: Zum einen ist es außerordentlich schwierig, dem unter heftigen Schmerzen leidenden Pferd die Nägel zu ziehen und die Eisen abzunehmen. Hierbei bedarf es großer körperlicher Anstrengungen sowohl beim Hufschmied als auch bei demjenigen, der die Hufe aufzunehmen hat. Gleichzeitig muss sowohl mit großer Geduld als auch zügig vorgegangen werden. Geduld deshalb, weil sich das Pferd gegen die zusätzlichen Schmerzen wehrt, die unweigerlich entstehen, wenn man die Nägel aus dem schmerzempfindlichen Bereich des Hufhorns herauszieht. Zum anderen darf die schmerzhafte Prozedur aber nicht zu lange dauern, denn dann kann es passieren, dass das Pferd seine Hufe ab einem bestimmten Zeitpunkt gar nicht mehr hergibt, sich

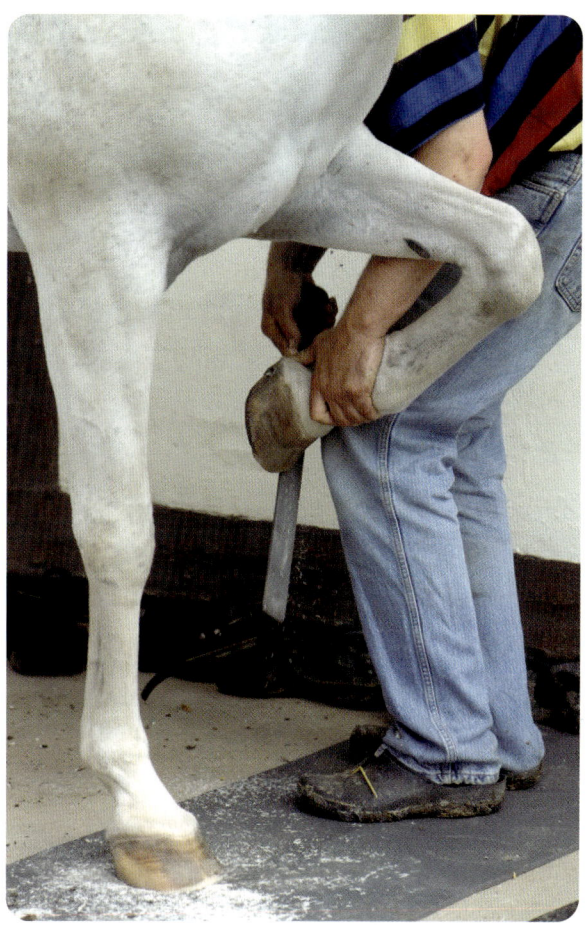

Durch das Auslegen druckdämpfender Schaumstoffmatten kann bei der Hufbearbeitung der einseitige Druck eines Rehehufes gemindert werden.

vor Schmerzen auf den Boden wirft oder sonstige Abwehrreaktionen veranstaltet. Bewährt hat sich bei der Hufbearbeitung rehekranker Pferde das Auslegen von stoßdämpfenden Matten wie zum Beispiel alte Teppiche oder dicke Kunststoffmatten auf harten Stallgassenböden und das vorherige Verabreichen von Schmerzstillern.

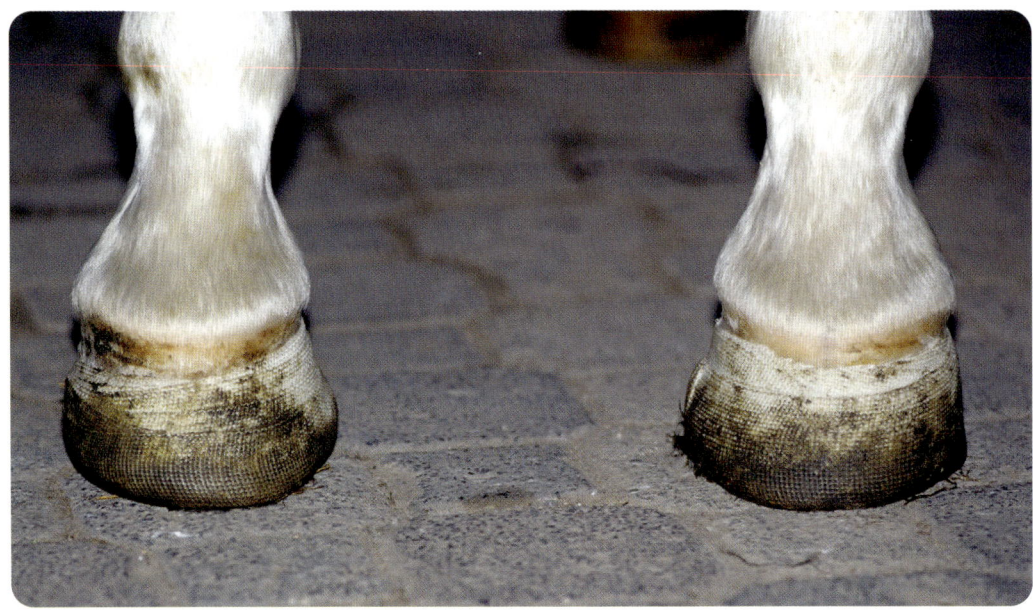

Der zweite Grund, warum das Entfernen eines Hufbeschlags in dieser Situation ein zusätzliches Problem schaffen kann, ist der Umstand, dass manche beschlagene Pferde schon im Normalzustand Schmerzen bekommen, wenn ihnen die Eisen abgenommen wurden. Zum einen schneiden viele Hufschmiede beim Beschlagen immer noch viel zu viel Substanz vom Sohlenhorn und Strahl ab, zum anderen hat eine Vielzahl von Pferden aufgrund des jahrelangen Beschlages zu wenig Sohle und Strahl, vor allem, wenn sie ausschließlich in einer Box stehen und ständig Kontakt mit Huffäule erzeugendem Einstreu haben. Werden nun einem solchen, an den Hufen hochgradig druckempfindlichen Pferd die Eisen abgenommen, bewirkt das eine zusätzliche Belastung der Huflederhäute.

Da es aber zum Abnehmen des Beschlags keine Alternative gibt, muss er runter. Es gibt jedoch mehrere Möglichkeiten zum Schutz der Sohle.

Einmal durch fachgerechte und den neuen Erkenntnissen im Hufrehegeschehen angepasste orthopädische Beschläge, zum anderen durch moderne Schutzvorrichtungen wie anschnallbare oder klebbare Hufschuhe sowie diverse Hornersatzmittel auf Komponentenbasis, die Druck dämpfende Eigenschaften haben und im Kapitel »Hufbearbeitung/Hufbehandlung« eingehender besprochen werden.

Gipsverband (Rehegips) – eine umstrittene Behandlung

Eine alte, immer noch sehr häufig praktizierte, inzwischen aber umstrittene Sofortmaßnahme bei akuter Hufrehe ist das Anlegen von sogenannten Rehegipsen.

Allgemein werden Gipsverbände zur Behandlung von Knochenbrüchen oder bei stützenden Verbänden bei Mensch und Tier verwendet. Sie bestehen aus Mullbinden, gebranntem Gips, Wasser

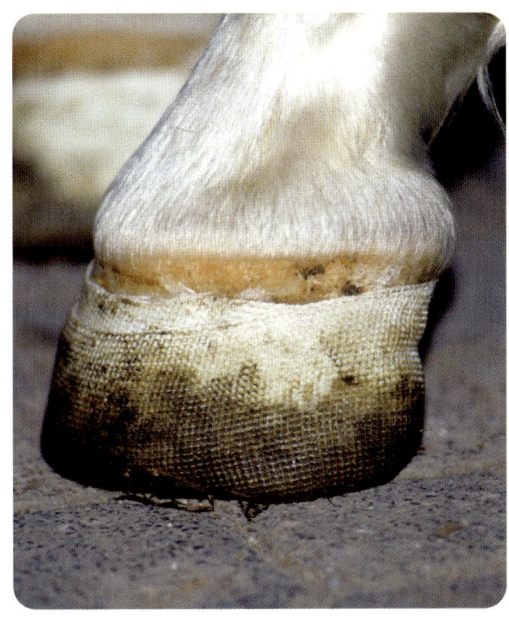

Aufgebrachter unterer Rehegips von vorne (Foto Seite 68) und von der Seite (Seite 69): Die veränderte Hufstellung ist durch die angehobenen Trachten deutlich zu erkennen.

Beim mittleren und hohen Rehegips sollen die Gelenke (mittlerer Gips: Fesselgelenk; hoher Gips: Vorderfußwurzelgelenk) bei der Aufnahme der Gewichtskräfte beziehungsweise Gegenkräfte beteiligt werden.

Während der untere Rehegips in der Regel ohne Probleme vom Tierarzt im Stall aufgebracht werden kann, stellen die beiden höheren Gipsverbände an den Tierarzt und die Helfer große Anforderungen. Die Schwierigkeiten bestehen vor allem darin, die (Vorder-)Hufe für das Anlegen der Verbände aufzunehmen beziehungsweise die gesamte Last auf den anderen, stehenden (Vorder-)Huf abzutragen. Hier sind kräftige und vor allem geduldige Helfer gefragt, die nicht nur den Huf aufnehmen, sondern auch gleichzeitig das Pferd stützen können. Problematisch ist hierbei die Phase des Aushärtens des Gipses. Je nach Temperatur des beigemischten Wassers kann das Aushärten bis zu einer bestimmten Grenze beschleunigt werden, mindestens aber acht bis 12 Minuten dauern. Inzwischen wird fast ausschließlich der sogenannte »Scotch-cast« mit einer Aushärtung bis zu drei Minuten verwendet. In jedem Fall dürfen sich aber Huf und Gipsverband beim Aushärten wenig bewegen. Hat man den ersten und schwierigeren Gipsverband angelegt, ist der zweite Verband meist einfacher aufzubringen, da sich das Pferd jetzt auf den eingegipsten und entlasteten Huf besser abstützen kann.

und Zusatzstoffen (z.B. Alaun), sind in der Aufbringungsphase plastisch verformbar beziehungsweise modellierbar und erhärten nach wenigen Minuten. Ein spezieller Rehegips soll einen Stützverband darstellen, der die vertikalen Druckkräfte des Pferdegewichtes auf den Huf beziehungsweise den Gegendruck durch den Boden auf die noch intakten Bereiche des Hufes aufnehmen und umleiten beziehungsweise verteilen soll. Dabei wird der Rehegips traditionell so modelliert, dass er die Trachten hochstellt und die Zehe entlastet. Entsprechend dem Grad der Hufrehe gibt es drei Möglichkeiten des Gipsverbandes.

Der am häufigsten angewendete einfache (untere) Rehegips wird ausschließlich um die harte Hufhornkapsel angelegt. Die Druckkräfte sollen sich auf die Tragränder an den Seiten des Hufes und auf die Trachten verteilen. Die Zehe wird entlastet und die Trachten werden hochgestellt.

Die Kritiker von Rehegipsen führen mehrere Argumente an, die den Gips in Frage stellen:

● Bereits das Aufbringen des Gipsverbandes stellt hohe Anforderungen an alle Beteiligten. Der Verband kann durch die oben erwähnten Schwierigkeiten nicht in der Form aufgebracht werden, wie er sollte, was dazu führen kann, dass er seine stützende Funktion nicht in vollem Umfang beibehält.

● Während Stützverbände aus Gips beim Menschen oder kleineren Tieren nur geringe Kräfte aufnehmen müssen, beträgt die Vertikalkraft eines ausgewachsenen Großpferdes auf einen (Vorder-) Huf im Stand bis zu zweihundert Kilogramm, im Schritt auch darüber – also das 10- bis 20-fache wie beim Menschen. Das überfordert die Struktur eines Rehegipses, besonders des mittleren und hohen und wird nach kurzer Zeit die stützende Funktion nicht mehr in der gewünschten Form besitzen.

● Weitere Auflösungserscheinungen eines Rehegips-Verbandes entstehen durch fortwährenden Kontakt mit feuchtem Pferdedung in der Box oder feuchten beziehungsweise matschigen Böden im Klein- beziehungsweise Einzelpaddock.

● Rehegips-Verbände können außerdem zu Scheuer- und Druckstellen an den Weichteilen des Pferdebeines mit nachfolgenden Infektionen führen.

● Durch den nahezu luftdichten Gipsverband können Fäulnisprozesse im Sohlenbereich und Hufstrahl entstehen.

● Das Anheben der Trachten zur Entlastung der tiefen Beugesehne ist – wie auch bei allen anderen Maßnahmen am Huf, bei denen die Trachten angehoben werden – ausschließlich bei einer akuten Hufrehe in Erwägung zu ziehen (innerhalb von 48 Stunden) und auch nur dann, wenn sich die

Gipsschalen bestehen oft aus Scotchcast-Material und härten in wenigen Minuten aus.

Hufbeinabsenkung noch nicht massiv entwickelt hat (Röntgenbilder). Die Entscheidung hierüber obliegt einzig dem behandelnden Tierarzt, der die zu diesem Zeitpunkt bestehende Hufbeinabsenkung beziehungsweise -rotation einschätzen kann und eine Trachtenanhebung als notwendig erachtet.

● Wenn das Pferd in der Box herumläuft und sich dreht, kann es umknicken und sich eine zusätzliche Sehnenzerrung zufügen.

● Schließlich ist das so außerordentlich wichtige Kühlen der Hufe mit kaltem Wasser in einem Gipsverband nicht mehr in vollem Umfang durchführbar. Wird keine regelmäßige Kühlung durchgeführt, »brodelt« der Huf samt Gipsverband heiß vor sich hin, was die krankhaften Veränderungen sowie die Schmerzen im Huf verschlimmern kann.

Moderne Pferdekliniken bringen mittlerweile Rehegipse nur noch im Sohlenbereich an. Hierzu wird ein verbandsähnliches Material benutzt, das angefeuchtet und durch mehrfaches Falten die Trachten hochstellt. Es passt sich der Hufform exakt an und härtet nach wenigen Minuten aus. Um diese Gipsschale am Huf zu befestigen, wird darüber ein normaler Hufverband angebracht. Auf diese Weise kann der Huf sowohl gekühlt werden, als auch der Verband und die Gipsschale täglich beziehungsweise nach Bedarf abgenommen sowie die Hufsohle kontrolliert und behandelt werden. Nachteilig ist nach wie vor das extrem harte Material, das direkt auf dem schmerzhaften Sohlenbereich (bis auf die vorderste Zehenspitze) aufliegt.

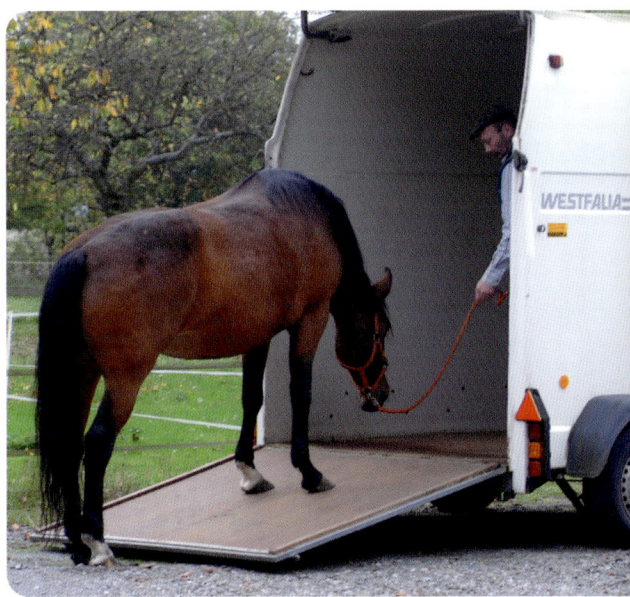

Das Verladen eines Rehepferdes verlangt Ruhe und sanften Druck.

Transport in die Pferdeklinik, Verladen, Trennung von der Herde

Fühlen sich Pferdebesitzer, Tierarzt oder Hufschmied nicht in der Lage, ein an akuter Hufrehe erkranktes Pferd in seiner gewohnten Umgebung zu behandeln oder lassen es die bestehenden Bedingungen und Örtlichkeiten nicht zu, kann ein Transport in eine für diese Fälle ausgerüstete Pferdeklinik oder in einen anderen Stall mit besseren Behandlungsmöglichkeiten ins Auge gefasst werden. Bei Pferden, die Transporte gewohnt sind und mit der Trennung von ihrem angestammten Stall und Artgenossen vertraut sind, ist eine solche Verbringung in die Klinik ohne größere Probleme zu bewerkstelligen. Schwierig ist immer der Verladevorgang bei dem unter Schmerz stehenden Pferd, besonders die Phase des Verladens auf der Rampe. Hier kann keine einheitliche Vorgehensweise empfohlen werden. Jeder Fall ist individuell verschieden und nur der Pferdebesitzer kann einschätzen, wie er sein Pferd

unter diesen Umständen am besten verlädt. Wichtig ist, dass man Ruhe bewahrt und das Pferd fachgerecht und mit wenig Druck in den Pferdehänger befördert.

Ganz falsch wären Zwang, Geschrei oder sonstige hektische Aktionen. Für den Verladevorgang und Transport könnten ausnahmsweise und in Absprache mit dem Tierarzt etwas mehr Schmerzmittel und Beruhigungsmitteln verabreicht oder Bachblüten angewendet werden.

Die Verladeklappen, sowohl beim Pferdeanhänger wie auch beim Transporter, müssen mit dämpfenden Materialien gepolstert werden. Am besten eignen sich Gummimatten, wie sie auf Paddockflächen oder Reitplätzen verlegt werden, da sie rutschfest und großflächig sind. Zur Not können aber auch viel Stroh oder Sägespäne auf der Klappe verstreut werden.

Schwieriger werden das Verladen und der Transport eines Rehepferdes in die tierärztliche Klinik, wenn dieses Pferd in einer engen Offenstallgemeinschaft lebt. Die damit verbundene Trennung von befreundeten Artgenossen bewirkt oft zusätzliche Strapazen und Trauer. Bisweilen geben sich die Pferde in fremder Umgebung sogar auf. Pferde, die sich schon im gesunden Zustand nur schwer verladen lassen, sind im Krankheitsfall häufig überhaupt nicht mehr zu verladen. Deshalb sollte man mit solchen Pferden hin und wieder üben, damit im Fall einer Rehe das Verladen besser vonstatten geht.

Besonders problematisch ist das Verladen eines an Geburtsrehe erkrankten Pferdes mit seinem Fohlen. Hier muss man zunächst das Fohlen in den Pferdehänger bringen und dann versuchen, die Mutterstute nachfolgen zu lassen.

Schmerzgeschehen und Schmerztherapien

Im Mittelpunkt einer Hufrehe stehen der Schmerz und seine Therapie. Deshalb ist es wichtig, das ablaufende Schmerzgeschehen und die entsprechenden Gegenmaßnahmen detailliert darzustellen.

Das Schmerzgeschehen

Der Schmerz, den ein Pferd bei einer Hufrehe in unterschiedlicher Weise empfindet, ist vom Menschen nicht präzise vorstellbar. Schmerz stellt in erster Linie einen Schutzmechanismus dar und dient dazu, die Ursachen nicht noch zu verschlimmern. Auch der mitfühlendste Pferdebesitzer kann den Schmerz seines Pferdes nicht direkt nachvoll-

ziehen. Er ist abhängig von den Beobachtungen, die er im Rahmen des Schmerzgeschehens aus dem Verhalten des Pferdes »abliest«. Gleichmäßige Lahmheit beziehungsweise klammer Gang, abwechselndes Belasten der Vorderhufe, rehetypische Körperhaltung und Reaktionen beim Ansetzen der Hufuntersuchungszange sind eindeutige Zeichen, die auf Schmerzen hindeuten. Aber auch das typische Schmerzgesicht eines Pferdes, Kopfschütteln und Zähneknirschen, im schlimmsten Fall Stöhnen, sind Schmerzindikatoren.

Was sind Schmerzen?

Allgemein formuliert ist Schmerz eine durch mechanische, thermische, chemische oder elektrische Reize hoher Intensität ausgelöste Empfindung. Schädigungen des betroffenen Gewebes und/oder Gewebsstoffwechsels führen zum Freisetzen von Schmerzstoffen. Solche sind zum Beispiel Histamin, Bradykinin oder Prostaglandin, die sogenannte Schmerzrezeptoren (freie Nervenendigungen) erregen, deren Impulse zum Zentralnervensystem geleitet werden. Schmerzen sind in erster Linie als Warnsignal aufzufassen, die vom Organismus mit Abwehrreaktionen beantwortet werden.

Fest steht, dass die vom Pferd verspürten Schmerzen verschiedene Ursachen und Konsequenzen haben und in zwei Hauptgruppen eingeteilt werden können:

Schmerzen, die **direkt** durch die krankhaften Veränderungen in den Hufen hervorgerufen werden und unmittelbar mit der Hufrehe in Verbindung zu bringen sind.

Dabei spielen vier Erscheinungen eine Rolle:
● **Schmerzen durch entzündliche Vorgänge (Inflammation)**

Der durch die Entzündung ausgelöste Schmerz entsteht durch eine Kombination verschiedener Mediatoren (Vermittler) mit krankmachender Bedeutung. Solche Mediatoren sind – wie bereits oben erwähnt – Substanzen wie zum Beispiel Histamine, Serotonine, Bradykinine und Prostaglandine, die bei Verletzungen der Gewebe in einer bestimmten Form abgesondert werden. Dieser Vorgang reizt die Nerven, die im Huf ihren Anfang haben und im zentralen Nervensystem enden. Schließlich werden diese »nervösen Impulse« vom Huf bis in das Gehirn des Pferdes übertragen und dann verspürt das Pferd den Schmerz. In diesem Zusammenhang spielen physiologische Regulationsstoffe, die sogenannten Prostaglandine, die entscheidende Rolle, indem sie im Schmerzgeschehen die alles auslösende Überempfindlichkeit bewirken. Besonders in dieser Phase wird im Rahmen der therapeutischen Maßnahmen das entzündungshemmende Medikament Phenylbutazon eingesetzt. Hierzu später mehr.

⬤ Schmerzen infolge Druckzunahme im Bereich des Kronrands und im Sohlenbereich (Pression)

Eine weitere Schmerzform entsteht durch den anwachsenden Druck zwischen Hufwand, Sohle und Hufbein. Gerade dieser Bereich ist mit außerordentlich empfindsamen Rezeptoren (reizaufnehmende Zellen bestimmter Geweborgane) ausgestattet, die bei gesteigerter Stimulation, also durch die Druckzunahme, den Schmerz auslösen. Bereits kleinste Schwellungen mit zunehmendem Volumen der Weichteile erzeugen im Bereich zwischen fester Hufwand, Sohle und dem Hufbein einen verhältnismäßig hohen Druck. In diesem Zusammenhang muss zwischen zwei Druck erzeu-

genden Phänomenen unterschieden werden: Bei der akuten Hufrehe entsteht zunächst ein Ödem, also die Ansammlung eiweiß- und zellarmer Flüssigkeit. Dieser Entzündungsreaktion kann bei rechtzeitigem Erkennen mittels entzündungshemmender Medikamente entgegengewirkt werden. Geht die akute Hufrehe in eine chronische Hufrehe mit Hufbeinsenkung beziehungsweise -rotation über, entsteht eine Art Blutung (Hämorrhagie), die ebenfalls eine Volumen- und Druckzunahme mit entsprechendem Schmerzempfinden zur Folge hat und die therapeutisch schwer zu behandeln ist. In der Folge der Hufbeinsenkung beziehungsweise -rotation bewirkt die Quetschung zwischen gesenktem Hufbein und Hufsohle ein weiteres Schmerzempfinden (Blockade der palmaren digitalen Nervenbündel). Zu Beginn, bei noch intakter Spitze des Hufbeins, ist dieser Schmerz sehr ausgeprägt, später, bei chronischer Rehe und abgerundeter Spitze, weniger. Die Schmerzbehandlung besteht in diesem Fall darin, die Hufsohle zu unterstützen, also einen Gegendruck aufzubauen. Das geschieht, indem man die Tragränder und Eckstreben der Hufe kürzt (frei schwebende Zehen, rundgefeilte Tragränder) und das Gewicht hauptsächlich von der Sohle getragen werden muss (exzessive Pression). Hierzu erfahren Sie im Abschnitt »Hufbehandlung und Hufbearbeitung« mehr.

⬤ (Folge-)Schmerzen durch traumatisches Auseinanderreißen der lamellaartigen Verbindungen im Bereich der Hufwand und des Aufhängeapparates bei chronischer Hufrehe

Ferner ist eine Schmerzform zu beobachten, die ebenfalls **direkt** durch die krankhaften Veränderungen in den Hufen hervorgerufen wird. Durch

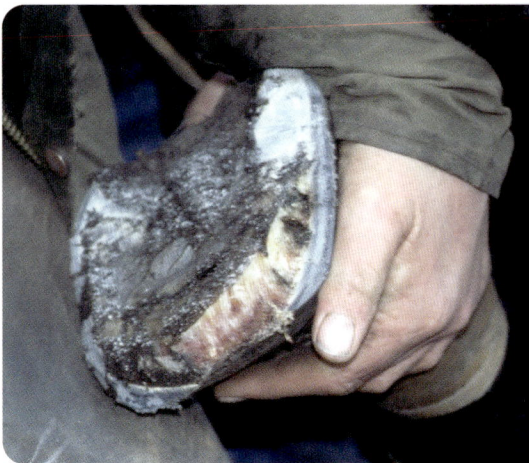

Zerrissene und blutdurchtränkte Lamella eines Rehehufes von unten (Sohle rechts) und von vorne (links).

außerordentliche, aber auch durch normale Belastung eines unter chronischer Hufrehe leidenden Pferdes können die lamellaartigen Verbindungen, die sich meist wieder einigermaßen hergestellt haben, durch Druck- und Zugkräfte erneut auseinander reißen. Die lamelläre Verbindung eines gesunden Pferdes kann einer Belastung von 80 Kilogramm pro Quadratzentimeter standhalten. Die eines Rehepferdes aber nur acht Kilo-

Blutgefäße und Nerven im Vorderhuf

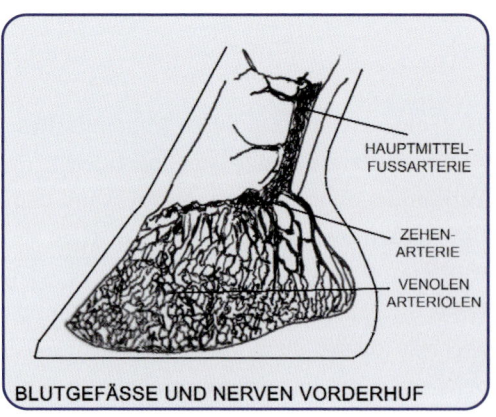

gramm pro Quadratzentimeter, also circa 10 Prozent (Quelle: Dr. D. Hood DVM.Ph.D., Hoof Diagnostic and Rehabilitation Clinic, Texas 77842, PO Box 10381). Das Reißen der beschädigten Lamella verursacht dann die Schmerzen, weil auch die Nervenfasern reißen. Begleitet werden kann dieser Vorgang ebenfalls wieder mit einer Entzündung, Ödembildung oder Blutung.

● **Schmerzen durch örtliche Blutleere (Ischämie)**

Bei chronischer Hufrehe kann durch fehlende Blutversorgung die Gefäßneubildung (Vaskularisation), besonders im Bereich unterhalb des abgesenkten oder rotierten Hufbeins, behindert werden, was wiederum zu Schmerzerscheinungen führen kann.

● **Schmerzen durch Folgewirkungen der Hufrehe**

Im Rahmen des Rehegeschehens können auch Schmerzen durch Folgeerkrankungen auftreten, die also nicht direkt mit der Hufrehe in Verbindung stehen. Solche sind zum Beispiel Gelenkerkrankungen, Schleimbeutelentzündungen (Bursitis), Veränderungen am Strahlbein, Entzündungen von Sehnen und Bändern, Veränderung der Spannung von Sehnen und Gelenkbändern durch schnelleres Hornwachstum an den Trachten oder durch therapeutische Beschläge sowie Hufbeinlageveränderungen. Aber auch Unterforderung des Kreislaufs mit zusätzlich verminderter Blutversorgung, erhöhte Sensibilität der Nerven im Rückgrat und Muskelverspannungen durch den chronischen Schmerz in den Hufen, veränderter Stoffwechsel, Neigung zu Nebennierenrindeninsuffizienz sowie unkorrekte Schmerzbehandlungen können zu Folgeerkrankungen führen.

Schmerztherapien bei Hufrehe und Hufrehe bedingten Folgeerkrankungen

Aus der Sicht des Pferdebesitzers ist eine Schmerzbehandlung beim Rehe geschädigten Pferd eine Notwendigkeit. Es müssen jedoch differenzierte Überlegungen hinsichtlich der Art und Weise der Schmerzbehandlung vorgenommen werden.

Einerseits gibt es die Erkenntnis, dass der Schmerz einen Schutzmechanismus darstellt und die

Durch eine osteopathische Behandlung können Muskelverspannungen verringert werden.

Schmerzbehandlung deshalb zu **begrenzen** ist, um weitere Schäden an den Hufen zu verhindern. Begrenzung auch deshalb, damit keine unerwünschten Nebeneffekte durch aufgehobenes beziehungsweise reduziertes Schmerzempfinden des gesamten Organismus entstehen können.

Andererseits können nicht behandelte Schmerzen beträchtliche Konsequenzen haben, die für die Genesung hinderlich sind. Deshalb sollten Schmerzen ausreichend, nicht aber übermäßig behandelt werden. Außerdem muss die Behandlung auf den Ursprung der krankmachenden Veränderungen durch Hufrehe ausgerichtet sein, weniger auf die schmerzhaften Folgesymptome. Dabei müssen vor allem Maßnahmen am Huf die Schmerzbehandlung unterstützen und begleiten, wie ein spezieller Rehebeschlag oder eine Rehe orientierte Barhufbearbeitung. Da diese mechanischen Unterstützungsmaßnahmen am Huf jedoch nicht alle Ursprünge der Schmerzen beseitigen beziehungsweise lindern können, werden zusätzlich medizinische Behandlungen benötigt. Eine pharmakologische Schmerzbehandlung bei Hufrehe ist aufgrund der eingeschränkten Anzahl wirksamer Medikamente jedoch nicht einfach. Außerdem können unerwünschte Nebenwirkungen hinzukommen. Die meisten angewendeten Medikamente sind nicht-steroidale Entzündungshemmer. Sie verzögern die Entzündung und mildern Schmerzen (durch Prostaglandine-Reduktion in den Geweben). Jedoch müssen sie vorsichtig und nicht übertrieben angewendet werden.

Wichtig ist, dass man im Verlauf der Genesung bei abnehmenden Schmerzen auch die Schmerzmittel reduziert (»Ausschleichen« der Schmerzmittel). Das ist besonders wichtig bei Rehepferden, die in einer Pferdegemeinschaft mit Offenstallhaltung

Schmerzmittel können mit einer leeren und gesäuberten Wurmkurspritze unter Beimischung von Apfelmus problemlos verabreicht werden.

leben. Denn zu viel Schmerzmittel können das betroffene Pferd dazu verleiten, übermütig zu werden und sich übermäßig zu bewegen, was dem noch labilen Aufhängeapparat der Hufe sehr schaden kann.

Durch Hufrehe können auch Folgeerkrankungen entstehen, die unter anderem die Hautoberfläche (offene Stellen, Liegeschwielen), das Fell, die Lunge, das Gesamtbefinden oder zusätzlich die

Hufe des betroffenen Pferdes beeinträchtigen. Auch Koliken, Störungen der Rosse bei Stuten, ausgerenkte Wirbel durch häufiges Liegen, Erkrankungen der Gelenke oder Entzündung der Schleimbeutel und Sehnen/Bänder sind in der Nachfolgezeit beobachtet worden.

Die Behandlung solcher Folgeerkrankungen muss sich unter dem Aspekt der Verhältnismäßigkeit in Bezug auf die Hufrehe orientieren. Es macht zum Beispiel keinen Sinn, ausbleibende Rossen einer unter chronischer Hufrehe leidenden Stute hormonell zu behandeln mit dem Ziel, ein Fohlen aus dieser Stute zu ziehen. Zunächst sollte erst einmal die Hufrehe gänzlich auskuriert werden, bevor an eine Bedeckung – wenn überhaupt – gedacht werden kann.

Anders sieht das beispielsweise bei ernsteren Folgeerkrankungen wie Koliken oder Entzündungen der Gelenke, Sehnen oder Bändern aus. Diese müssen – parallel zur Therapie der Hufrehe – zusätzlich behandelt werden, damit das Tier keine bleibenden Schäden davonträgt.

Medikamentöse Behandlung bei akuter und chronischer Hufrehe

Entzündungshemmende Präparate mit gleichzeitiger Schmerzlinderung (nichtsteroidale Entzündungshemmer)

Der Einsatz dieser Präparate erfolgt aus mehreren Gründen. Die Eindämmung der entzündlichen Schwellungen ist der Hauptansatz. Wie bereits erwähnt, entsteht bei der Huflederhautentzündung – wie immer bei Entzündungen – ein sogenanntes Ödem. Dieses Ödem ist eine Ansammlung von Flüssigkeit im Gewebe und erhöht den Innendruck im Huf. Genau das ist vorrangig

einzudämmen, um noch größere Schäden zu verhindern. Zudem ist die Linderung des Schmerzes des Patienten enorm wichtig. Der Schmerz ist zwar auch als Schutzreaktion des Körpers zu betrachten, damit keine weitere Belastung der erkrankten Gliedmaßen erfolgt, jedoch sollte ein Leiden des Tieres nicht über die Gebühr erfolgen. Weiterhin erfolgt durch das Schmerzgeschehen eine weitere Ausschüttung von Stresshormonen, die wiederum zu einer Verschlimmerung der Rehesituation beitragen können. Außerdem ist zu beachten, dass starke Schmerzen beim Pferd auch Folgeerkrankungen auslösen können. Das Pferd hat ein sehr empfindliches vegetatives Nervensystem und es kann zum Beispiel zu Schmerzkoliken kommen. Auch können Kreuzverschläge durch die Verkrampfungen entstehen.

Die Auswahl des jeweiligen Präparates und vor allem der Menge muss der jeweiligen Situation angepasst werden.

Im Verlauf der Besserung des Rehegeschehens wird man schnellst möglich versuchen, die Dosis zu reduzieren, vor allem auch, um eine zu große Belastung der Hufe zu vermeiden.

Die meist angewendeten Präparate:

Phenylbutazon

Anwendbar über intravenöse Injektionen oder oral über die Eingabe mit dem Futter (Pulver) beziehungsweise Paste. Anfänglich bietet sich die Injektionstechnik an, da dem Pferd kein Futter verabreicht werden sollte und die Wirkung deutlich schneller eintritt. Nach mehrtägiger Vergabe wird von einem abrupten Absetzen abgeraten, lieber sollte ein Ausschleichen der Dosierung erfolgen, um einen erneuten Reheschub zu vermeiden. Auch können Nebenwirkungen auftreten, wie zum

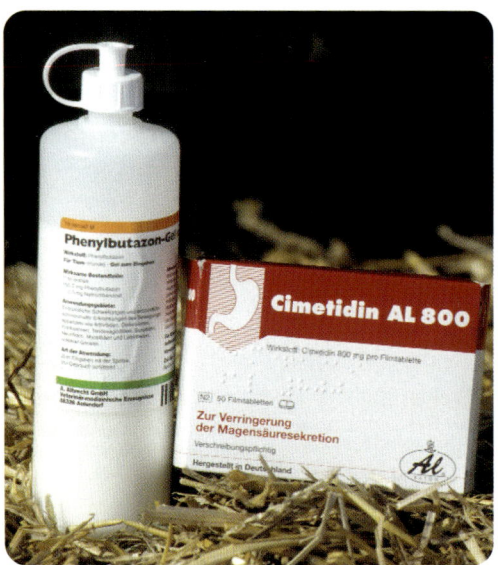

*Säureblocker wie Cimetidin® machen
Phenylbutazon verträglicher.*

verträglich und kann auch Pferden mit Koliknei-
gung verabreicht werden, da es bei Koliken selbst
als Schmerzmittel eingesetzt wird. Außerdem ist
es antitoxisch und stark schmerzstillend. Dieser
Wirkstoff heißt als Medikament »Finadyne«® und
ist als Paste, Granulat oder Injektionslösung
erhältlich, welche notfalls auch oral verabreicht
werden kann (mit zwei Teelöffeln Apfelmus
anrühren und mittels einer Plastikspritze ins Maul
geben). Auf dem Beipackzettel wird darauf
hingewiesen, dass dieses Präparat höchstens fünf
Tage verabreicht werden darf. In einem vorliegenden Fall bekam eine Stute 12 Wochen dieses
Medikament ohne erkennbare Schäden oder
Abhängigkeiten davon zu tragen. Allerdings er-
hielt dieses Pferd gleichzeitig entgiftende Zusatzfuttermittel.

Metacam® und Equioxx®

Die modernen magenschonenderen (COX)-2-
selectiven nicht-steroidalen Entzündungshemmer
wie Firocoxib beziehungsweise Equioxx® und
Meleloxicam beziehungsweise Metacam® haben
in der klinischen Realität eine geringere Wirkung
auf den akuten Reheschmerz. Sie wären jedoch für
einen nicht mehr so intensiven chronischen
Schmerz sinnvoll.

Es gibt außerdem noch eine Reihe anderer nicht-
steroidaler Entzündungshemmer wie beispielsweise Vedaprofen (Quadrisol®) oder Meclofen-
aminsäure, die aber aus Platzgründen an dieser
Stelle nicht weiter aufgeführt werden können.

Beispiel das Angreifen von Schleimhäuten oder
andere Unverträglichkeiten. Vor allem bei
langfristiger Vergabe können Fressunlust und
Koliken die Folge sein. Sinnvoll ist hier die gleich-
zeitige Vergabe eines Säure-Blockers (zum Beispiel
»Cimetidin®« aus der Humanmedizin) zum Schutz
der Magenschleimhäute. Bei bekannter Kolik-
neigung oder einem schon vorhandenen Magen-
geschwür sollte man aber auf dieses relativ
preiswerte Präparat verzichten und den Wirkstoff
»Flunixin-Meglumin« verwenden. Zu beachten
sind außerdem die gültigen Verordnungen über
Arzneimittel. Auch muss der Einsatz von Phenylbutazon im Equidenpass eingetragen werden.
Eine Schlachtung kann bei Behandlung mit Phenylbutazon übrigens frühestens nach sechs Monaten durchgeführt werden.

Flunixin-Meglumin
Dieses Präparat ist zwar verhältnismäßig teuer,
hat aber gleich mehrere Vorteile: Es ist sehr gut

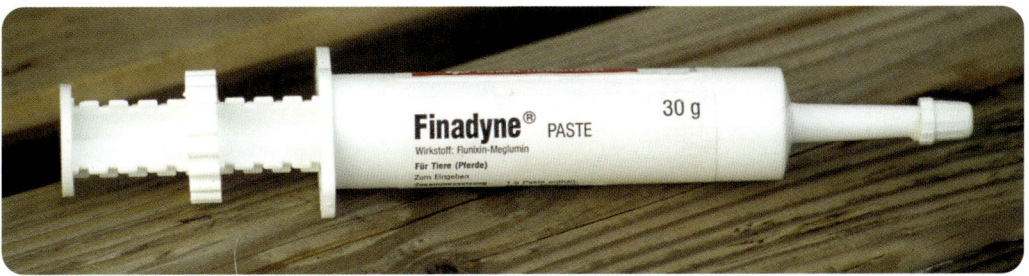

Entzündungshemmende Medikamente müssen in den meisten Fällen eingesetzt werden.

Die Anwendung nicht-steroidaler Entzündungshemmer ist jedoch zeitlich begrenzt.

Durchblutungsfördernde Substanzen

Um einen Abtransport von Abfallprodukten und die gute Zufuhr von Sauerstoff zu gewährleisten, versucht man eine verbesserte Durchblutung zu schaffen. Dies geschieht meist über eine Gefäß-weitstellung.

Hierzu kann man benutzen:

Acepromazin

Das eigentliche Einsatzgebiet ist die Ruhigstellung von Tieren, bei der Rehe nutzt man jedoch die gefäßweitstellende Wirkung dieser Substanz. Dabei wird mit sehr niedrigen Dosierungen gear-beitet, niedriger als man sie zur tatsächlichen Ruhigstellung brauchen würde.

Ginkgo biloba

ist eine pflanzliche Substanz und wird in der Humanmedizin zur Behebung von Durchblutungs-störungen im Kopfbereich eingesetzt (beispiels-weise bei Tinnitus). Vorzugsweise wird die Verab-reichung über Tropfen vorgenommen.

Glyzerintrinitrat

Dieses Präparat aus der Humanmedizin – zur Behandlung von Herzkranzgefäßerkrankungen – wird äußerlich auf die beiden Arterien, die sich innen und außen am Fesselkopf befinden, aufgetragen. Hierdurch wird ein verbesserter Blutfluss zum Huf hin erreicht. Die entsprechenden Stellen sollten vorher geschoren oder besser noch rasiert werden.

Heparin

Heparin trägt zur besseren Fließfähigkeit des Blutes bei und verhindert neue Thrombusbildungen, beziehungsweise löst bestehende Thromben auf. Die Verabreichung erfolgt entweder über einen langsam laufenden Tropf, ein sogenannter Dauertropf, der im Allgemeinen in der Pferdemedizin nicht anwendbar ist, oder über die Injektion unter die Haut. Zu beachten ist, dass man Heparin zwar als Prophylaxemaßnahme anwenden könnte, aber keinesfalls bei Geburtsrehen, da sonst die Gefahr von Blutungen unter der Geburt, beziehungsweise das Verbluten gegeben wäre.

Infusionen

Der Zustand des Patienten und die Menge des entnommenen Blutes beim Aderlass lässt entscheiden, ob man dem Pferd im Anschluss eine Infusion zukommen lässt. Wenn das der Fall ist, benutzt man entweder Elektrolytlösungen oder eine physiologische Kochsalzlösung.

Einige Tierärzte führen bei der Diagnose Hufrehe obligatorisch eine Infusion durch mit dem Zweck, eventuell noch vorhandene Giftstoffe im Verdauungstrakt über die Nieren auszuspülen, damit diese gar nicht erst in die Blutbahn gelangen. Hierzu wird dem Pferd je nach Gewicht und

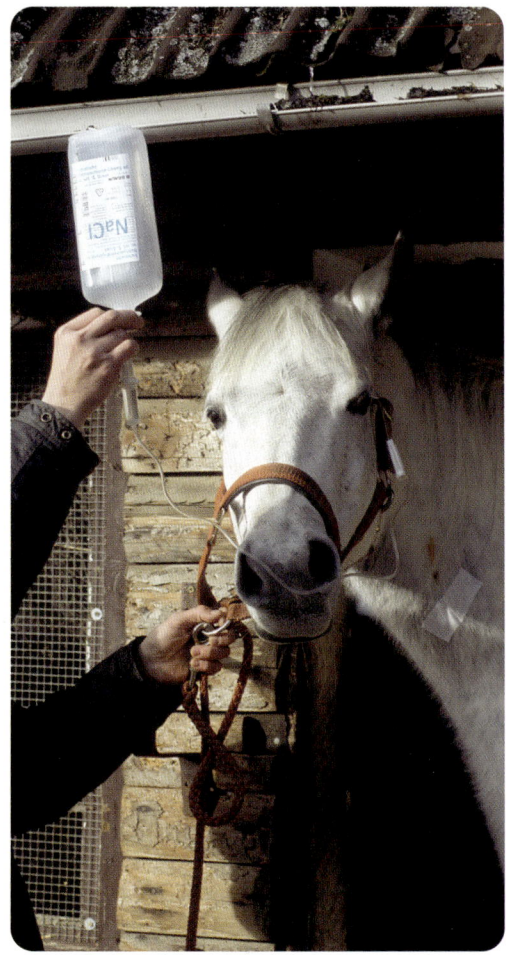

Eine wirksame Sofortmaßnahme bei akuter Hufrehe stellt die Infusion dar.

Größe 5 bis 10 Liter Kochsalzlösung infundiert. Infusionen kann man in den ersten Wochen bedenkenlos alle zwei bis drei Tage wiederholen und natürlich bei jedem erneuten Reheschub. Nach einem Aderlass sollte auf jeden Fall eine Infusion durchgeführt werden, da sonst die Gefahr einer Bluteindickung besteht.

Acetylsalicylsäure (ASS)

Wirkt sowohl mild schmerzlindernd, entzündungshemmend als auch durchblutungsfördernd. Die durchblutungsfördernde Wirkung beruht auf einer Hemmung der Verklebung von Blutplättchen. Die Entzündungshemmung erfolgt über die Hemmung der Prostaglandinsynthese. Diese Eigenschaften sind, jede für sich gesehen, nicht besonders ausgeprägt, jedoch in ihrer Kombination sehr hilfreich. Bei der Anwendung sind wie immer die AVO-rechtlichen Bestimmungen zu beachten (Arzneiverodnung). Verabreichen kann man ASS sehr gut per os (über den Mund, beziehungsweise die Fütterung). Die Dosierung beträgt zwischen 1000 bis 2000 mg zwei- bis dreimal täglich.

Nebenwirkungen können – wie bereits oben bei dem Phenylbutazon erwähnt – auftreten, es wird vom Pferd jedoch meist sehr gut auch über einen längeren Zeitraum vertragen.

Entgiftende Substanzen

Lebertherapeutika

Verabreichung über Injektionen oder über das Futter.

Nierenanregende Substanzen

Ebenfalls einsetzbar über Injektionen oder das Futter.

Injektionspräparate speziell zur Entgiftung

Diuretika

Zu Beginn einer Rehe kann man über den Einsatz von Diuretika nachdenken. Sie dienen der Ausschwemmung von Flüssigkeit aus dem Körper und reduzieren das Ödem im Huf. Einsetzbar über Injektion oder Pulver.

Steroidale Entzündungshemmer

Das sind Cortisone. Im Prinzip wären Cortisone schon zur Rehetherapie geeignet, da sie ein Abdichten der Gefäßwände und damit einen geringeren Durchtritt von Flüssigkeit in das Gewebe bewirken würden. Ihre außerordentliche entzündungshemmende Wirkung ist nicht zu vernachlässigen. Aber die Nebenwirkungen sind im Rehegeschehen durchaus schädlich, so dass von einem Einsatz nur abgeraten werden kann. Allenfalls eine Anwendung von ultrakurzwirksamen Präparaten für ein oder zwei Tage ist in schwacher Dosierung überlegenswert, jedoch nicht bei Pferden, die unter dem sogenannten Cushing-Syndrom leiden.

Zusatzfuttermittel zur Stabilisierung der Huflederhaut

Bei hoher Belastung durch Toxine und freie Radikale (entstehen bei Entzündungen) als Neutralisationspräparat **Bentonite**. Zur besseren Versorgung der Huflederhaut Zink, zur Heilungsförderung und gutem Stoffwechsel Schwefel. Diese drei Inhaltsstoffe gibt es als Kombinationsprodukte zum Zufüttern. Auch handelsübliche Produkte zur Hufhornverbesserung mit Zink, Biotin, Kieselerde und eventuell Methionin sind nützlich.

Bei einer langfristigen Schmerztherapie mit nichtsteroidalen Entzündungshemmern oder Acetylsalicylsäure (ASS) müssen dem Rekonvaleszenten entgiftende Substanzen verabreicht werden. Solche sind Lebertherapeutika, Nieren anregende Substanzen oder Injektionspräparate zur Entgiftung wie beispielsweise:

● B-Sure von Dodson & Horrell (Vitamin B, Eisen) als Ergänzung bei Laminitis;

● Renasan von Vet-Concept, ein Wirkstoffkom-

Spezielle Wirkstoffkombinationen helfen beim Entgiftungsprozess von Leber und Nieren.

Marstall »Hufregulator«

Zur Unterstützung der Hufgesundheit haben wir sehr gute Erfahrungen mit dem Ergänzungsfuttermittel »Hufregulator« (früher »Fortissimo«) der Firma Marstall gemacht, sowohl während eines akuten Reheschubes als auch zu Zeiten der Rekonvaleszenz. Seine Zusammensetzung ist speziell auf die Bedürfnisse von beanspruchten Hufen abgestimmt. Dabei wird auf den über- proportionalen Einsatz von Biotin (Vitamin H) zugunsten von Kräutern und anderen natürlichen Bestandteilen wie zum Beispiel Algengries und Kieselgur, die die Elastizität des Hufes positiv beeinflussen, verzichtet. Weiterhin unterstützen verschiedene zugesetzte Kräuter den Heilungsprozess bei einer akuten Hufrehe nachhaltig auf natürliche Weise. So wirken der ent- haltene Ackerschachtelhalm, Stiefmütterchenextrakt sowie Knoblauch durch- blutungsfördernd und gewährleisten somit eine optimale Versorgung der Huflederhaut mit Mikronährstoffen. Spitzwegerich, Kamille, Salbei und Walnussblätter hemmen die Entzündung, während Löwenzahn- und Queckenwurzel, Ackerschachtelhalm und Brennnesselkraut eine Steigerung der Ausscheidung der Gift- und Entzündungsstoffe durch die Niere bewirken. Andere Inhaltsstoffe verbessern deutlich die Darmfunktion, zum Beispiel Inulin und Schleimstoffe. Dieses Kriterium ist wie bereits mehrfach erwähnt im Rehegeschehen ein außerordentlich gewichtiger Faktor.

Bestimmte Zusatzfuttermittel wirken sich positiv auf die Hufhornbildung aus.

plex mit speziellen Kräutern, Vitaminen und Mineralien zur nachhaltigen Unterstützung der Ausscheidungsfunktionen von Nieren und Harnblase;
● Hepasan von Vet-Concept, eine spezielle Wirkstoffkombination zur Unterstützung der Leberfunktion und schnellen Revitalisierung des gesamten Organismus;
● »Hufregulator-Ergänzungsfutter« von Marstall-Pferdefutter (früher Fortissimo) unterstützt nach einer Hufrehe die Regenerationsphase und verbessert die Hornkonsistenz.

Homöopathische Mittel
Homöopathika in Form von Lotionen, Tropfen oder sogenannten Globuli können sowohl bei einer akuten als auch chronischen Hufrehe ergänzend oder alleinig angewendet werden.

In der Regel werden mehrere Präparate miteinander kombiniert und auf jeden einzelnen Patienten und entsprechend seinem Krankheitsverlauf individuell abgestimmt.
Die Auswahl, die Dosierung und die eventuelle Kombination von homöopathischen Arzneien sollte deshalb unbedingt ein in Naturheilkunde bewanderter Tierarzt oder ein geprüfter Pferdehomöopath beziehungsweise Tierheilpraktiker durchführen. Von einem eigenmächtigen »Herumdoktern« nach dem Motto »so ein paar Tröpfchen können ja nicht schaden« muss eindringlich abgeraten werden! Denn auch Naturheilmittel können bei falscher Anwendung oder Überdosierung verheerende Folgen haben.
Aus diesem Grund werden lediglich einige Homöopathika aufgeführt, die sich bislang als Therapie

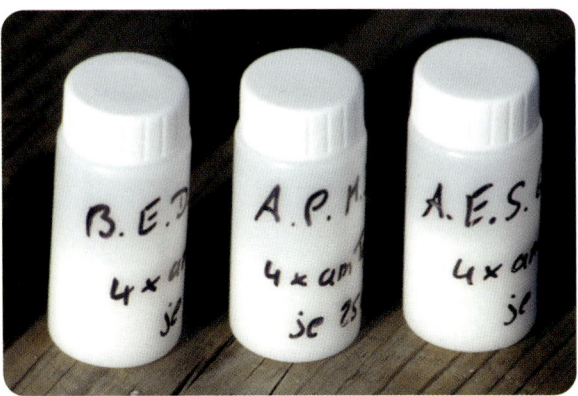

Homöopathische Arzneimittel sind sorgfältig miteinander abzustimmen.

bewährt haben. Diese Auflistungen sind aber keinesfalls als Rezepte für den Hausgebrauch zu verstehen, sondern stellen lediglich Hinweise auf prinzipiell einsetzbare Präparate dar.

Futterrehe
Nux vomica: Je nach Dosierung anregende und beruhigende Wirkung. Fördert die Entgiftung über die Leber. Einsatz auch bei chronischer Rehe; gegen Gewebeveränderungen
Sulfur (Schwefelblüte): Aktiviert Stoffwechselprozesse und beeinflusst die Zelltätigkeit über die Deblockierung gestörter Fermentfunktionen (»Entgiftung«)
Okoubaka: Lebertherapeutikum
Arsenicum album: Arsentrioxyd; Nachbehandlung bei Infektionserkrankungen oder schweren chronischen Organkrankheiten

Belastungsrehe
Rhus tox (Giftsumach): Wirkung auf Sehnen, Sehnenscheiden, Gelenkkapseln, Bänder, Gelenke und Bindegewebe der Muskeln
Bryonia (Weiße Zaunrübe): Anwendung bei schmerzhaften Entzündungen bei akuter und chronischer Rehe; wirkt auch abführend (erhöhte Darmperistaltik); gegen Einlagerung von Flüssigkeiten

Geburtsrehe
Lachesis (Gift der Buschmeisterschlange): bei Infektionskrankheiten mit Tendenz zur Hämolyse, bei Thrombosen, Herz- und Kreislaufstörungen; kann gut mit Antibiotika kombiniert werden
Echinacea Kegelblume (Sonnenhut): »inneres« Antiseptikum mit Wirkung auf das lymphatische System; Stimulierung körpereigener Abwehrkräfte
Coffea: tropische bis 15 m hohe Kaffeepflanzen; Verwendung bei Ekzemen und anderem
Pyrogenium: Nosode aus faulendem Rindfleisch; Anwendung bei fieberhaften Reaktionen mit Neigung zu Eiterung; Einfluss auf Lymphgefäße; Störung des Allgemeinbefindens

Hufrehe insgesamt
Ginkgo biloba: Förderung der Durchblutung der Huflederhaut
Traumeel (Heel): heilungsfördernd
Aconitum (Sturmhut, Eisenhut): Einsatz bei ersten Anzeichen einer Hufrehe (Kreislauf fördernd, Entzündung hemmend)
Belladonna (Tollkirsche): gegen Einlagerung von Flüssigkeiten (Infiltration); Verwendung bei Entzündungen
Aesculus (Rosskastanie): Durchblutung fördernd (Huflederhaut)
Apis: Behandlung des Ödems der Huflederhaut
Calcium flouratum: Nachbehandlung Gewebeveränderungen
Silicea: unterstützt Bindegewebe

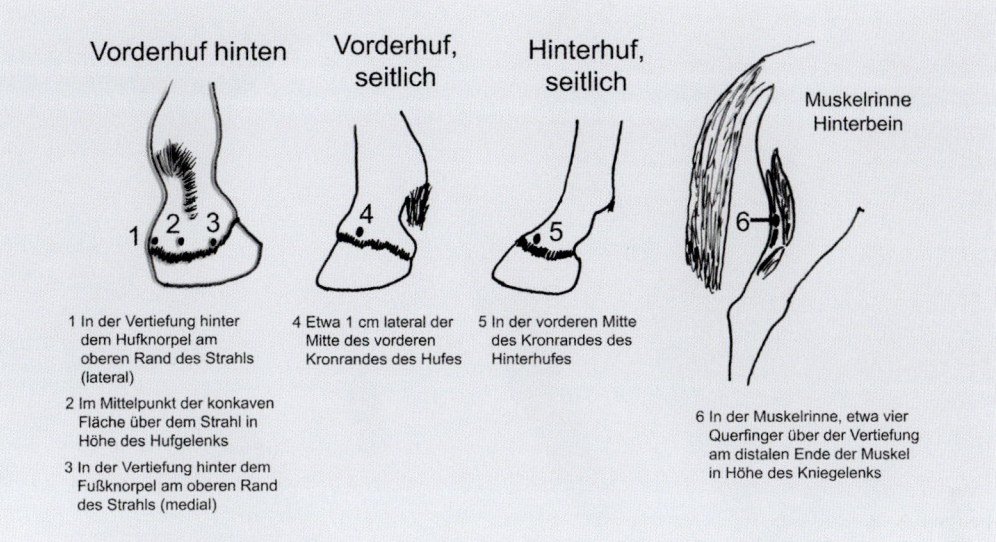

Akupunkturpunkte mit Indikation einer Huflederhautentzündung
(nach Westermann »Atlas der Akupunktur des Pferdes«)

Pferde-Akupunktur / Akupressur

Auch die Pferde-Akupunktur kann sich als begleitende Therapie bei einer Huflederhautentzündung
lohnen.

Am Pferdekörper befinden sich gewisse Punkte, an
denen Nerven enden, die mit inneren Organen in
Verbindung stehen. Diese Punkte besitzen einen
geringen elektrischen Widerstand beziehungs-
weise eine höhere elektrische Leitfähigkeit. Bei
Reizung dieser Punkte durch Nadeln, Wärme oder
Fingerdruck werden Regelkreise des Körpers durch
Freisetzen chemischer Stoffe aktiviert, was auch
Schmerzen lindert. Ähnliches gilt in verminderter
Form auch für die Akupressur.

Unsachgemäßes Nadelsetzen kann aber auch
Schaden anrichten; deswegen sollte die Akupunktur nur von fachlich geschulten Personen durchgeführt werden.

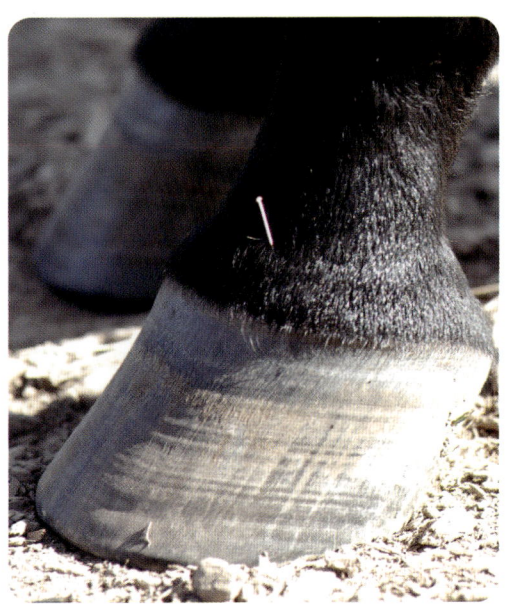

Akupunkturnadel am vorderen
Kronrand eines Vorderhufes.

Blutegel hemmen die Blutgerinnung und verbessern die Fließeigenschaft des Blutes.

Magnetfeldtherapie

Eine weitere zusätzlich begleitende therapeutische Maßnahme ist die niederfrequente, pulsierende Magnetfeldtherapie. Durch sie erhöht sich die Durchblutung und somit die Sauerstoffzunahme der erkrankten Gewebe durch die Gleichrichtung und Ausrichtung der positiv und negativ geladenen Ionen an der Zellmembran. Zum anderen werden durch Polarisierung die sogenannten Freien Radikalen besetzt. Allerdings sollten nur regelbare (Zeit und Intensität) Geräte verwendet werden und solche, die ohne Kabelzuführung (Stromzuführung über Akku) ausgestattet sind. Über Spulen werden durch elektrische Impulse Magnetfelder erzeugt, die den Huf mit verschiedener Stärke, Frequenz und Richtungs-

wechseln durchdringt. Das Gerät wird an einer Pferdedecke in eine dafür vorgesehene Tasche gelegt. Von dort aus führen Kabel zu einer Gamasche, die um den Huf beziehungsweise das Pferdebein aufgebracht wird. Hier findet dann der Aufbau des Magnetfeldes mit seiner therapeutischen Wirkung statt.

Blutegeltherapie

Blutegel sind eine der ältesten Heilmittel und waren schon im Altertum ein fester Bestandteil der damaligen Medizin. Zwar können Blutegel medikamentöse Behandlungen nicht ersetzen, sind aber eine wertvolle Ergänzung zur Schulmedizin und werden als Co-Therapeuten immer beliebter. In akuten Fällen verkürzen sie die

Behandlungsdauer zum Teil erheblich, bei chronischen Leiden lindern sie die Symptomatik meist deutlich.

Das Einsatzspektrum der Blutegel ist sehr breit. Beim Pferd leisten sie vor allem bei Gelenkerkrankungen wie Arthritis, Spat und Schale, Hufrollenerkrankungen und Arthrosen im Schulter- und Kniegelenk wertvolle Hilfe, aber auch bei allen Formen von Entzündungsprozessen wie akute Hufrehe.

Auch finden Blutegel überall dort, wo sich Körperflüssigkeiten wie Blut oder Lymphe stauen (also auch Ödeme im Huf bei Hufrehe), ihr therapeutisches »Arbeitsfeld«. Nicht angewendet werden dürfen die kleinen Blutsauger bei gleichzeitiger Vergabe Blut verdünnender Medikamente wie zum Beispiel Aspirin. Das Geheimnis ihrer Heilkraft liegt in der Zusammensetzung des Egelspeichels, der beim Saugen abgesondert wird. Wissenschaftler haben bislang mindestens 18 hochwirksame Komponenten mit unterschiedlichen Funktionen gefunden. Die bekanntesten Wirkstoffe sind Hirudin und Carin, die die Blut-

gerinnung hemmen und so die Fließeigenschaft des Blutes verbessern. Daneben enthält der medizinische Speichelcocktail des Blutegels entzündungshemmende (Eglin, Hyaluronidase) und schmerzlindernde, Histamin ähnliche, lokal gefäßerweiternde und lymphstrombeschleunigende sowie immunisierende und Antibiotika ähnliche Substanzen, die entgiftend wirken, den Stoffwechsel ankurbeln und dadurch den Heilungsprozess in Gang setzen.

Röntgenologische und computertomographische Untersuchungen am Rehehuf des Pferdes

Um eine Rehe bedingte Rotation beziehungsweise Absenkung des Hufbeins beurteilen zu können, bestehen zurzeit zwei Untersuchungsmethoden: die Röntgenaufnahme der betroffenen Hufe und die computertomographische Untersuchung.

Die Röntgenaufnahme

Es gibt zwei Möglichkeiten, einen Rehehuf röntgenologisch zu untersuchen. Einmal durch das

Hufunterstützung von außen

Wachsen die geschädigten Huf- beziehungsweise Hornteile mit der Zeit herunter, kommt wie bereits erwähnt die zerstörte Lamella im Bereich des Tragrandes (seitlich und an der Zehe) zum Vorschein. Bis diese gänzlich verschwunden, sprich herausgewachsen, ist, können in die geschädigten Bereiche antibakterielle Hufpflegemittel ein- beziehungsweise aufgebracht werden. Da es inzwischen eine große Anzahl solcher Produkte gibt, manche wieder verschwinden und neue auf den Markt kommen, kann an dieser Stelle nicht auf jedes einzelne eingegangen werden. Ein Präparat sollte aber nicht unerwähnt bleiben, weil es nachhaltig positiv auf Strahl, Sohle und zerstörte Lamella einwirkt: »Stralsan« von Leovet wird mit einer beigefügten kleinen Bürste auf und in die zerstörte Struktur aufgebracht und »trocknet« diese gleichsam aus. Gleichzeitig wird die beschädigte Lamella fester und stabiler. Dadurch entstehen weniger Löcher und Spalten, in die Bakterien eindringen könnten.

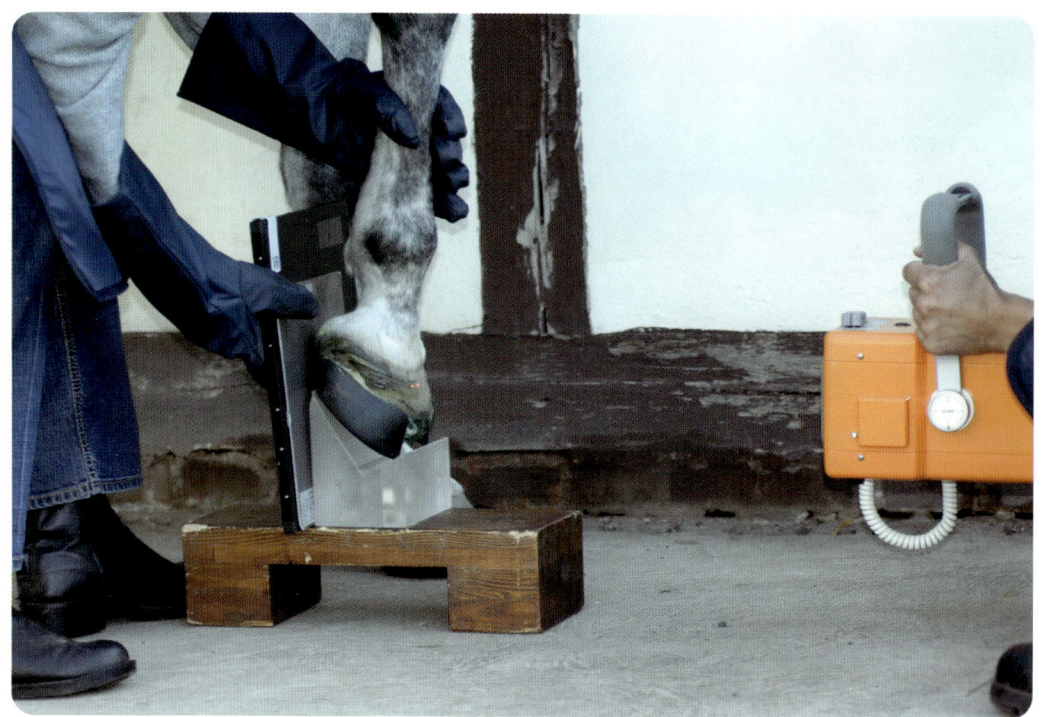

Durchführung einer Röntgenaufnahme mit einem mobilen digitalen Röntgenapparat.

mobile Röntgengerät des Tierarztes vor Ort, das heißt am Stall des betroffenen Pferdes und zum anderen die stationäre Röntgenaufnahme in der Pferdeklinik. Der Sinn einer solchen Darstellung der Pferdehufe ist, das Hufbein sichtbar zu machen, um Rückschlüsse auf gegebenenfalls krankhafte Veränderungen ziehen zu können. Dabei erscheinen auf dem Röntgenbild die Knochen hell und die sie umgebenden Weichteile sowie das Hufhorn dunkel.

Eine erhebliche Veränderung der Lage des Hufbeins infolge Rotation um das Hufgelenk und/oder Absenken der Hufbeinspitze nach unten (bei chronischer Hufrehe) ist auf dem Röntgenbild mit bloßem Auge erkennbar, eine geringgradige Veränderung zu Beginn der Hufrehe jedoch nicht. Deshalb wird bei einer Röntgenaufnahme auf die Vorderseite der Hufwand ein länglicher Metallstift aufgeklebt (zum Beispiel mit Klebeband), der dann auf der Röntgenaufnahme ebenfalls hell erscheint, um die Winkelung zwischen äußerer Hufwand und der Vorderkante des Hufbeins vergleichen zu können. Es ist daher wichtig, möglichst zu Beginn der Hufrehe die Hufe zu röntgen, da hier noch die ursprüngliche Hufbeinstellung vorhanden ist und man den Winkel messen kann, den das Pferd schon immer hatte. Verschlimmert sich die Hufrehe im Lauf der Zeit und geht sie in den chronischen Zustand über, werden weitere Röntgen-

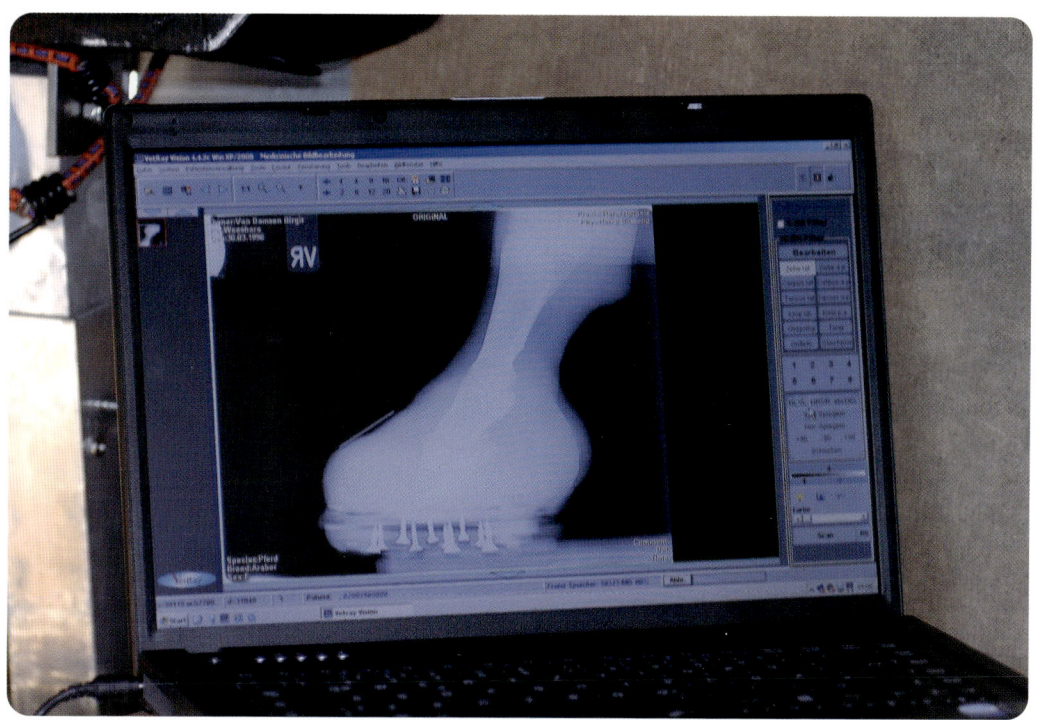

Auf dem angeschlossenen Computerbildschirm des digitalen Röntgenapparates wird unmittelbar danach die Stellung des Hufbeins erkannt und es kann entsprechend gehandelt werden.

aufnahmen durchgeführt, um jedes Mal die Lage des Hufbeins zu dokumentieren. Auch die Entwicklung eines drohenden Sohlendurchbruchs ist auf einer guten Röntgenaufnahme erkennbar, da man den Abstand der Hufbeinspitze zum Boden beziehungsweise zur Hufsohle messen kann.

Bei der Durchführung von Röntgenaufnahmen muss äußerst sorgfältig gearbeitet werden. In erster Linie muss der Huf im Augenblick der Aufnahme absolut ruhig stehen, sonst werden die Konturen auf dem Bild unklar und haben keine oder nur geringe Aussagekraft. Bei der Erstellung der Röntgenbilder ist das Verbringen des Hufes auf einem im Lot befindlichen Holzklotz oder Ähn-

lichem unverzichtbar, damit der komplette Hufsohlenbereich dargestellt werden kann.

Mittlerweile ist die Qualität der Röntgenaufnahmen sowohl in der Pferdeklinik als auch durch ein mobiles Gerät vor Ort gleich gut, da sie inzwischen meist digital gemacht werden. Bei digitalen Geräten können jetzt aufgrund des mitgeführten Computers beziehungsweise Softwareprogramms sofort exakte Aussagen über den Zustand des Hufbeins gemacht werden, was wertvolle Zeit bei der Früherkennung einer Hufrehe spart. Ein weiterer Vorteil gegenüber analogen Geräten: Misslingt eine Aufnahme, wird das auf dem Bildschirm sofort sichtbar und kann sogleich wiederholt werden.

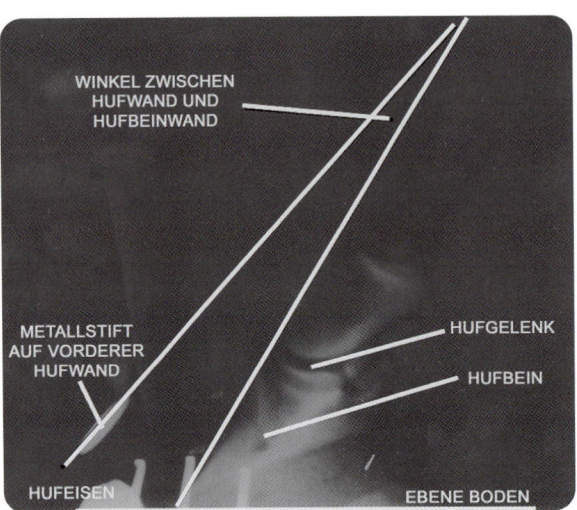

*Röntgenaufnahme mit aufgeklebtem
Metallstift zum Messen der Winkelung
zwischen vorderer Hufwand und der
vorderen Hufbeinwand.*

Bei sogenannten Ankaufuntersuchungen ist auch das Augenmerk bei der Beurteilung der erstellten Röntgenbilder auf die Form und Lage der Hufbeinspitze zu richten, um nicht Gefahr zu laufen, ein chronisches Rehepferd zu erwerben.

Eindeutig bessere Ergebnisse erzielt man durch computertomographische Untersuchungen. Mit ihr lassen sich detailliert gegebenenfalls pathologische Veränderungen des Hufbeinträgers (Verbindung zwischen Hornkapsel und Hufbein) erfassen. Bei chronischer Hufrehe lassen sich sogar auf dem computertomographischen Bild die abgestorbenen Gewebeteile des Blättchenapparates und seine eventuelle Neubildung erkennen. Auch die als Folge der chronischen Hufrehe häufig auftretenden Veränderungen des Hufbeins sind bei der Computertomographie gut darzustellen. So zeigen sich neben Strukturveränderungen von Geweben auch Konturveränderungen am Hufbein.

Insgesamt erleichtern die mit dieser Technik gewonnenen Daten die Prognosestellung und ermöglichen eine gezieltere Therapie und Hufbearbeitung.

Hufbearbeitung bei akuter und chronischer Hufrehe

Die Behandlung der Rehehufe durch den Hufschmied beziehungsweise Hufpraktiker spielt eine zentrale Rolle im Therapiegeschehen. Eine Ausheilung der Krankheit beziehungsweise die Wiederherstellung deformierter Hufe sind hauptsächlich von einer fachgerechten und auf moderne Erkenntnisse basierenden Vorgehensweise abhängig.

Das größte Problem bei der Hufbearbeitung von Rehepferden ist das Hufaufnehmen. Manche Pferde mit starken Schmerzen geben die Hufe gar nicht mehr her, andere tendieren zum Steigen, wenn man den Huf hochhebt. Hier ist ebenfalls Einfallsreichtum gefragt.

In extremen Fällen und bei schweren Pferden kann die Barhufbearbeitung im Liegen durchgeführt werden. Eine Sedierung ist beim Rehepferd allerdings nicht geeignet. Hier muss man einen Zeitpunkt abpassen, wenn das Pferd sicher für einen längeren Zeitraum liegt.

Zum Feilen/Raspeln der Zehenwand im Stand kann man die Hufe auf einem gepolsterten Hufbock oder so auf einen Balken stellen, dass die Zehe ein wenig übersteht.

Tipp: Immer mit dem schlimmer betroffenen Huf beginnen, damit das Pferd bei der Bearbeitung des zweiten Hufes besser stehen kann.

Hufaufbau und Wachstum

Der Huf besteht aus Knochen, Sehnen, Bändern, elastischen Teilen, der Huflederhaut mit Blutgefä-

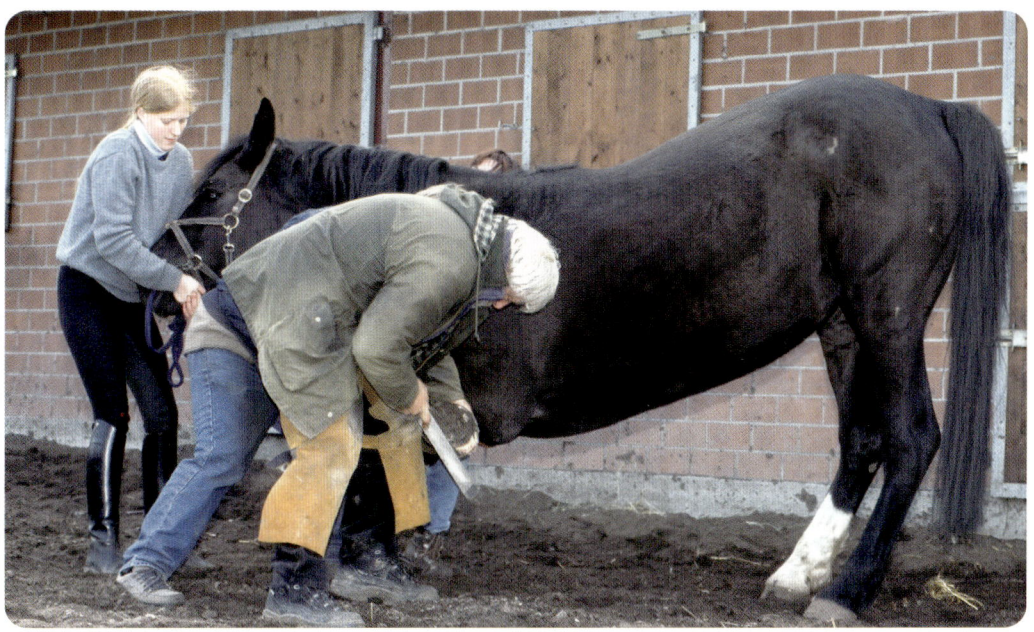

Bei der Hufbearbeitung dieses Rehepferdes leisten die drei Frauen und der Huffachmann absolute Schwerstarbeit!

Ein Rehehuf kann auf einem Balken abgestützt gut bearbeitet werden.

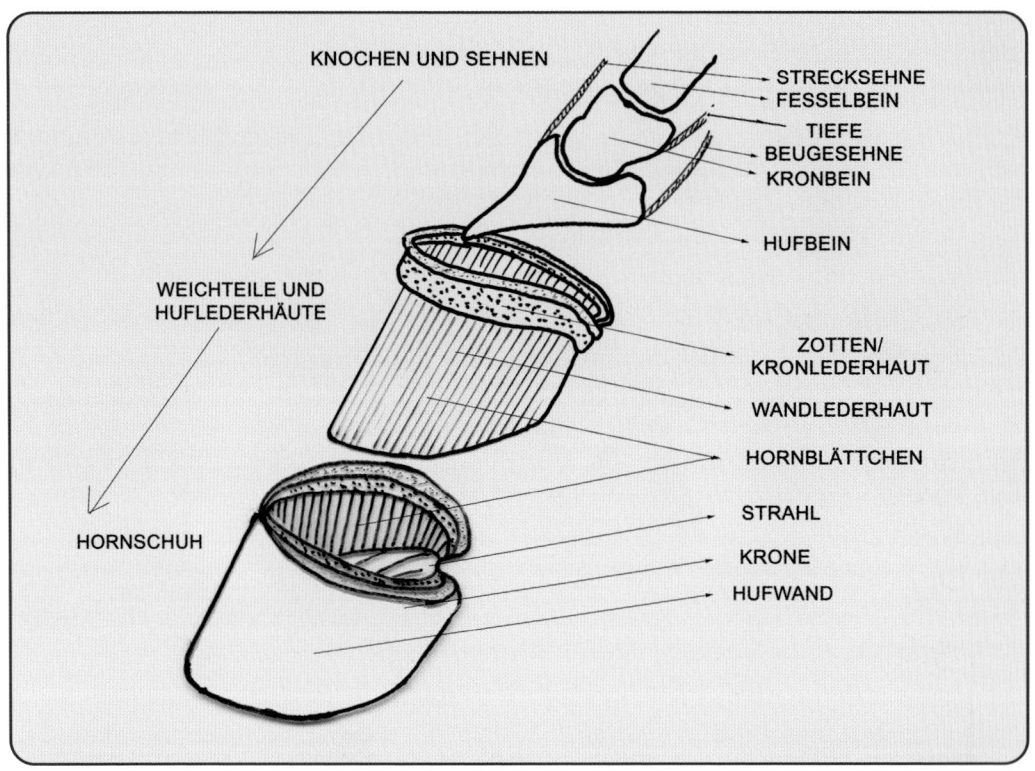

KNOCHEN UND SEHNEN

STRECKSEHNE
FESSELBEIN
TIEFE
BEUGESEHNE
KRONBEIN

HUFBEIN

WEICHTEILE UND
HUFLEDERHÄUTE

ZOTTEN/
KRONLEDERHAUT

WANDLEDERHAUT

HORNBLÄTTCHEN

STRAHL

HORNSCHUH

KRONE

HUFWAND

Schematische Darstellung des Hufknochens, der Huflederhaut und des Hornschuhs.

ßen, Nerven und der Hornkapsel. Das Hufbein bildet dabei die knöcherne Grundlage des Hufes und bestimmt die Form der Hornkapsel, die von der Huflederhaut erzeugt wird. Das Hufbein des Vorderhufes ist am Vorderteil rund, das des Hinterhufes spitzrund. Die Form der Vorder- und Hinterhufe ist somit geringgradig unterschiedlich. Die Hornbildung erfolgt auf der oberen Zellschicht der Huflederhaut. Die Hornkapsel ist fest mit der Oberfläche der Huflederhaut verbunden. Die Huflederhaut wird entweder durch Zotten oder durch Blättchen vergrößert (das circa 20-fache der inneren Hornwandfläche). Entsprechend dieser Huflederhautoberfläche unterscheidet man das

von den Zotten gebildete Röhrenhorn und das von der Wandlederhaut gebildete Blättchenhorn. Diese Hornzellen sind nicht belebt und werden ständig nachgebildet. Der Zeitraum, in dem sich der Huf erneuert, beträgt für die Vorderwand etwa 10 bis 14 Monate (circa ein Zentimeter im Monat), für die Seiten- und Trachtenwände entsprechend weniger.

Physiologische Veränderungen und Vorgänge im Huf bei einer Rehe

Die Gewichtskräfte eines gesunden und normal stehenden Pferdes werden über die vier Beine auf den Boden abgeleitet. Dabei wird im Stand circa

60 Prozent des Gesamtgewichts von den beiden Vorderbeinen und circa 40 Prozent von den Hinterbeinen aufgenommen. Die Gewichtskräfte sind Druckkräfte und werden ausschließlich von den Knochen, ihren Gelenken und schließlich über die komplexen Hufe zum Untergrund abgeführt. Muskeln, Bänder und Sehnen, die mit den verschiedenen Knochen und Gelenken kraftschlüssig verbunden sind, übernehmen in erster Linie Zugkräfte. Das Wechselspiel von Druck- und Zugkräften ermöglicht einem Pferd letztlich, sich vorwärts zu bewegen, also vom statischen in den dynamischen Zustand überzugehen. Je schneller sich ein Pferd bewegt, umso höher sind auch die verschiedenen Kräfte.

Wird nun durch irgendeinen Schwachpunkt eines einzelnen Teiles diese Ablaufkette unterbrochen, reduziert sich die gleichmäßige Dynamik des Pferdes. Es wird langsamer. Ist dieser Schwachpunkt einseitig, wird dieser Zustand durch Lahmheit sichtbar. Bei einer Hufrehe sind hauptsächlich beide Vorderhufe, weniger beide Hinterhufe oder alle vier Hufe betroffen, ganz selten nur ein Huf. Deshalb ist eine einseitige Lahmheit bei einem Rehepferd nicht erkennbar und die quasi »doppelte« Lahmheit wird als klammer oder steifer Gang bezeichnet.

Durch die Entzündung der Huflederhaut und dem damit verbundenen Schmerzgeschehen wird somit das normale Wechselspiel der Kräfte unterbrochen und es müssen Überlegungen angestellt werden, wie man die gestörten Abläufe in Relation zur meist langen Genesungszeit durch begleitende Maßnahmen einigermaßen überbrückt. Solche

Die Hufe, Gelenke, Sehnen und Bänder eines Pferdes sind in der Dynamik extremen Kräften ausgesetzt.

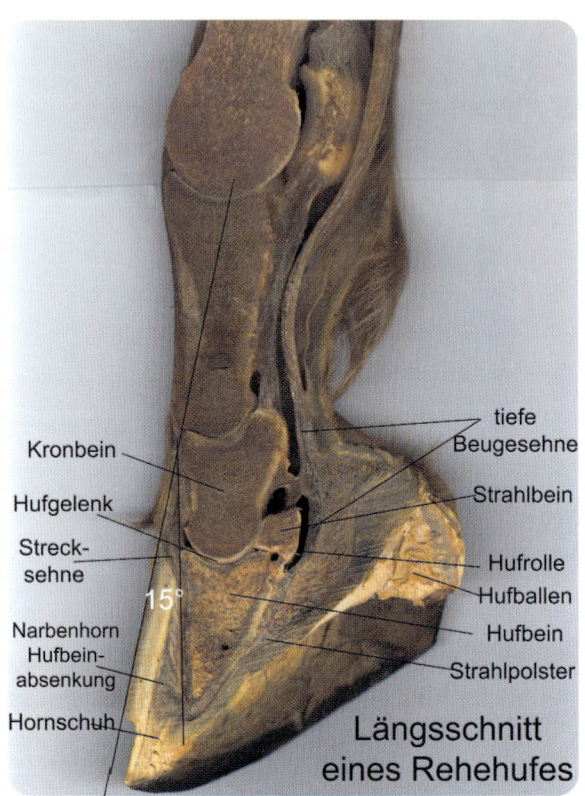

Längsschnitt eines Rehehufes

Kronbein
Hufgelenk
Streck-sehne
Narbenhorn
Hufbein-absenkung
Hornschuh

15°

tiefe Beugesehne
Strahlbein
Hufrolle
Hufballen
Hufbein
Strahlpolster

Längsschnitt eines Rehehufes

Maßnahmen können eine auf die Hufrehe ausgerichtete Barhufbearbeitung, ein Rehebeschlag aus Eisen, Metalllegierungen oder Kunststoff, klebbare Hufschuhe (dauerhaft) oder anschnallbare Hufschuhe (temporär) sein. Bevor nun die einzelnen Möglichkeiten vorgestellt und deren Vor- und Nachteile aufgezeigt werden, soll zunächst auf die kontroverse Diskussion der Hufstellung eingegangen werden.

Abnehmen oder Erhöhen der Trachten?

Wie bereits erwähnt, gibt es zwei grundsätzlich verschiedene Ansichten hinsichtlich der Stellung von Rehehufen. Während das eine Lager (sowohl besonders bei akuter als auch bei chronischer Hufrehe) das **Hochstellen der Trachten** empfiehlt, um den Zug der tiefen Beugesehne, die am hinteren Ende des Hufbeins ansetzt, zu entlasten und um damit einer drohenden Hufbeinsenkung beziehungsweise -rotation entgegenzuwirken sowie eine verbesserte Durchblutung der geschädigten Lederhautbereiche zu erreichen (Hertsch, Höppner, Dallmer: Der Huf und sein nagelloser Hufschutz, 1997, S. 70 ff.), argumentiert die andere Seite exakt gegensätzlich und fordert nachdrücklich das **Abnehmen der Trachten**:

»Um eine Erklärung dafür zu finden, warum es zuverlässig zu Heilungen akuter und chronischer Hufrehe bei allen Pferderassen (Anmerkung der Autoren: Untersuchung an 53 Pferden verschiedener Rassen) nach dem Flachstellen (Entfernen der Trachten; Anmerkung der Autoren: entfernt wurden drei bis fünf Zentimeter Trachten) kommt, wurden Untersuchungen über die physikalische Form des Hufbeins und die Gewichtsverteilung vom Hufgelenk über das Hufbein auf die Hufkapsel angestellt, die zu dem Ergebnis führten, dass nichtbodenparallele Hufbeinposition neben Mangeldurchblutung zu chronischer Überbelastung der vorderen Aufhängebereiche führt und als Vorbereitung für den akuten Reheausbruch anzusehen ist.« (Strasser, Pollitt: Neue Aspekte zur Entstehung von Laminitis, Tierärztliche Umschau 52).

Eine Untersuchung der Universität Queensland (Dr. Pollitt), Australien, kommt unter anderem zu dem Schluss, dass durch höhergelegte Trachten mittels Keilen die Digitalis-Arterien, die sich zwischen Strahlbein und Beugesehne befinden und in

Die Autoren halten diesen Rehebeschlag für nicht geeignet: geschlossenes Eisen ohne mittigen Steg (keine Möglichkeit, die Hufsohle zum Mittragen der Last auszufüllen) und eingelegtem Trachtenkeil, der eine Anhebung der Trachten um etwa 10 Grad bewirkt.

*Verzweifelte Tat eines Hufrehe geschädigten Schreinermeisters:
Der gute Mann wollte dem Rehepony seiner Tochter etwas Gutes tun und bastelte
einen aufschnallbaren Holzschuh mit Trachtenerhöhung.*

die Zehenarterien übergehen, abgeklemmt werden, so dass weniger Blut in die Huflederhaut gelangt. Diese Unterversorgung der Wandlederhaut über einen längeren Zeitraum sei ein zusätzlicher Schadensfaktor, der für die strukturellen Veränderungen im histologischen Bereich verantwortlich gemacht werden müsse. Ein weiterer Nebeneffekt der Drucksituation an der Hufbeinspitze bei nicht Boden paralleler Stellung sei der Abbau des Hufbeins und somit der Entstehung der sogenannten Hufbeinabsenkung beziehungsweise -rotation (Crania marginalis solearis).

Andere Autoren (Hertsch, Dallmer u.a.) empfehlen, um eine Verlagerung des Hufbeins zu vermeiden beziehungsweise einzuschränken, eine **»künstliche« Erhöhung der Trachten**. Diese Meinung stellt gleichzeitig die momentane Lehrmeinung in Deutschland dar und wird über die Lehrschmiedeanstalten und tierärztlichen Hochschulen weitergegeben:

Dabei würde die Zugwirkung der tiefen Beugesehne vermindert und die Belastung in die weniger erkrankten Gefäß- und Wandlederhautbereiche der Trachten und Eckstreben verlagert. (...) Diese Maßnahmen zur Entlastung des erkrankten Aufhängeapparates bewirkten sofort eine deutliche Schmerzlinderung, die an der veränderten Körperhaltung der Patienten erkennbar würde. Langfristig käme es durch die Trachtenhochstellung zu einer verbesserten Durchblutung der geschädigten Lederhautbereiche und damit zur Förderung der Gefäßrekonstruktion und der Hornneubildung besonders in den Bereichen der sekundären Durchblutungsstörungen (Hertsch, Höppner, Dallmer: Der Huf und sein nagelloser Hufschutz, 1997, S. 72/73).

Interessant ist die Empfehlung von Groß und Mayer, die bereits Anfang des 19. Jahrhunderts in dem damaligen Standardwerk »Lehr- und Handbuch der Hufbeschlagskunst« zum Ausdruck kommt (S. 179):

»Die Trachten müssen so viel wie möglich niedergeschnitten werden; die Hornsohle aber muss, da sie ohnehin nach vorne sehr dünn ist, vom Messer verschont bleiben; dagegen muss die aufwärts geworfene Zehenwand von vorn her abgenommen werden« (Anmerkung der Verfasser: frei schwebende Zehe).

Görte und Scheibner beschreiben in dem Werk »Leitfaden des Hufbeschlags« (1932) ähnliches: »... die Trachten müssen erniedrigt werden« und (...) »an der Zehe des Hufes macht man eine starke Schwebe«. (S. 105)

Hierbei ist es wirklich irritierend, dass viele dieser durchaus angesehenen und internationalen Experten zwei so grundsätzlich verschiedene Meinungen vertreten und zurzeit keine Einigung in Sicht zu sein scheint. So ist es also nicht verwunderlich, dass auch die Tierärzte und Hufschmiede entsprechend ihrer unterschiedlichen Ausbildung diese gegensätzlichen Meinungen haben und entsprechend praktizieren.

Diese kontroverse Diskussion hat den Verfassern daher keine Ruhe gelassen und sie haben sich intensiv mit diesem Thema auseinandergesetzt. Sie wollen versuchen, rein aus der Sicht der Mechanik, die Kraftverteilungen im Huf bei

- normaler Hufstellung und
- veränderter Hufstellung durch angehobene Trachten zu erklären.

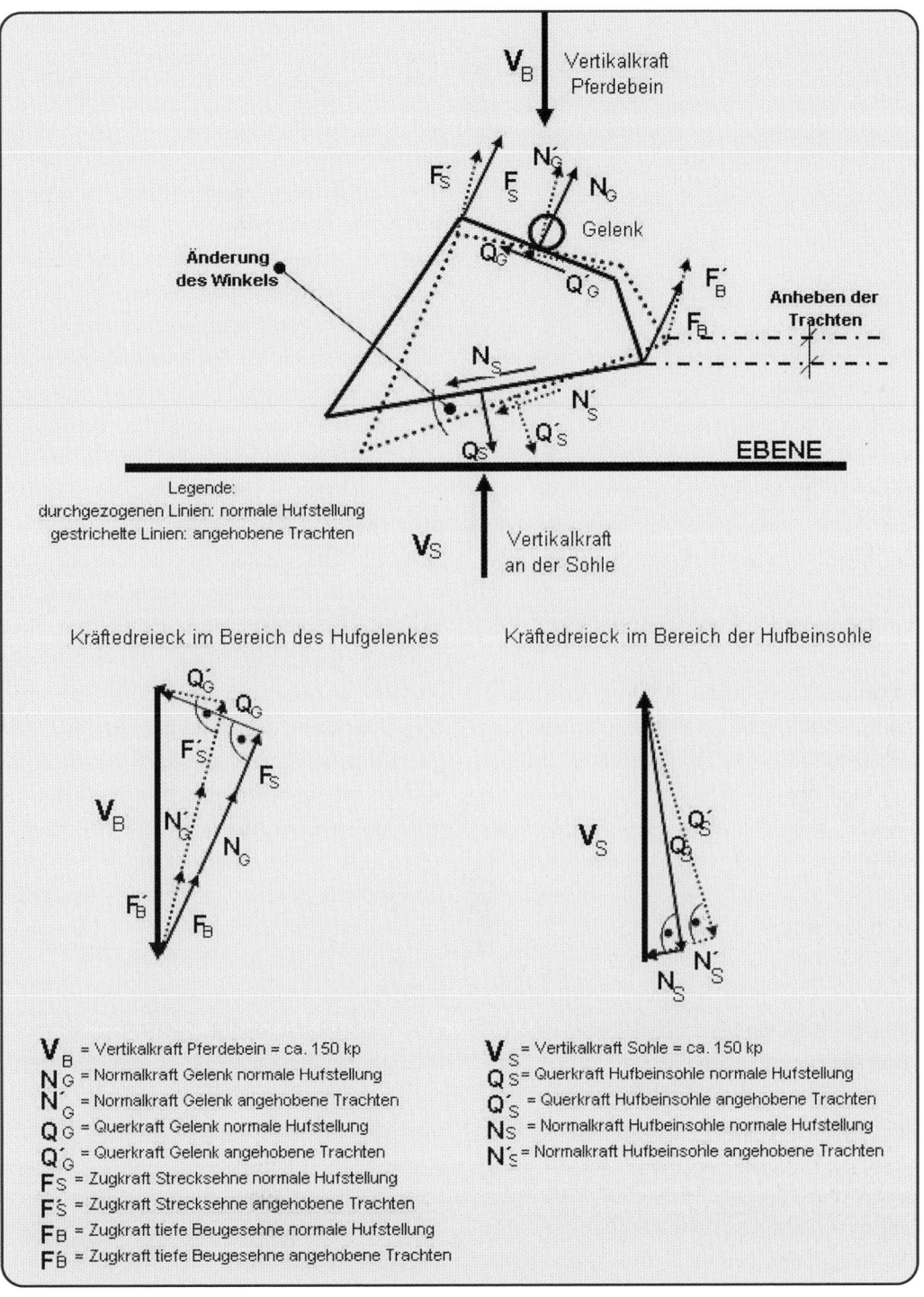

Schematische Darstellung der Kräfte auf das Hufbein bei normaler Stellung und angehobenen Trachten.

Wie die dargestellte Grafik Seite 97 zeigt, wird beim Anheben der Trachten eines Pferdehufes der Stellungswinkel des Hufbeins bezogen auf den Untergrund (Boden, gerade Ebene) verändert. Hierbei stellen die durchgezogenen Linien (Hufbein, Kräfte) die normale Hufstellung eines Hufes dar, die gestrichelten Linien die veränderte Hufstellung infolge Trachtenerhöhung. Auf das Hufbein wirken dabei verschiedene Kräfte.

Zur **Vereinfachung** werden bei dieser Untersuchung resultierende Kräfte angenommen. In Wirklichkeit handelt es sich dabei um Druckkräfte, also Kraft pro Fläche. Außerdem bleibt in der Realität beim Anheben der Trachten die Hufbeinspitze an der gleichen Stelle, das Gelenk verändert sich nach oben. Aus schematisch-zeichentechnischen Gründen wird die Drehung aber so wie in der Grafik dargestellt:

Von oben wirkt die Gewichtskraft eines Teils des Pferdekörpers, das ist die Vertikalkraft des Pferdebeins als resultierende Kraft der Druckkraft, auf das Hufbein, und zwar bei einem 500 Kilogramm schweren Pferd **im Stand** circa 60 Prozent Gewicht auf die Vorderbeine = 500 * 0.6 = 300 Kilogramm, verteilt auf zwei Vorderhufe, also circa **150 Kilogramm pro Huf**. Diese Gewichtskraft

muss im Wesentlichen vom Hufgelenk aufgenommen werden (Aufteilung der resultierenden vertikalen Gewichtskraft durch Normalkraft und Querkraft im Hufgelenk). Die beiden am Hufbein anschließenden Sehnen (Strecksehne im vorderen Hufbeinbereich und tiefe Beugesehne im hinteren Hufbeinbereich) dienen dazu, den Huf zu strecken oder zu beugen und nehmen ausschließlich Zugkräfte – also keine Druckkräfte – auf. Die Gewichtskraft von oben wird dann über das Hufbein nach unten bis auf die Sohle weitergegeben, wo sie Gegenkräfte erhalten müssen. Diese sind die in der Grafik schematisch dargestellten Normalkraft und Querkraft der Hufbeinsohle. In diesem Zusammenhang ist besonders die **Normalkraft der Sohle (N'_S)** von Bedeutung. Sie verläuft parallel zur Hufbeinsohle und in Richtung Hufbeinspitze, die im Normalfall und bei einem intakten Huf von der gesunden Huflederhaut ohne Probleme aufgenommen wird (Anmerkung: die Druckkraft von oben und die Druckkraft von unten (Gegendruckkraft) lassen auch Zugkräfte in der Huflederhaut entstehen, die durch die verzahnte Struktur aufgenommen werden können). Wie aus dem Kräftedreieck (Schema Seite 97) zu entnehmen ist, ist diese Normalkraft im Verhältnis zur Querkraft (= resultierende des Bodendrucks) relativ gering. Beim Anheben der Trachten dagegen wächst diese **Normalkraft – jetzt N'_S –** aufgrund der Änderung des Winkels an und zwar etwa **um das Doppelte**. Das heißt, die resultierende, sohlenparallele Kraft verdoppelt sich durch die Trachtenanhebung und drückt entsprechend vermehrt in Richtung der problematischen Zone (Hufbeinspitze), die durch eine Hufrehe entsteht. Genau an dieser Stelle kommt es auch bei schweren Rehefällen zum Sohlendurchbruch.

Zusammenfassung

*Wie aus den mechanischen Zusammenhängen (schematische Darstellung Kräftedreiecke) zu entnehmen ist, **verdoppelt sich** bei einem auf dem Boden stehenden Huf infolge der anteiligen Gewichtskraft des Pferdes durch das Anheben der Trachten mit gleichzeitiger Winkelveränderung der (fast) boden-parallelen Hufbeinsohle vor allem die resultierende Kraft in Richtung der Hufbeinspitze. **Es bleibt zu vermuten, dass sich diese problematische Kraft-veränderung in der Dynamik** (Laufen im Schritt in der Box oder im Einzel-paddock) nochmals erhöht. Es muss daher aus dieser Sicht und in der Regel von einem **dauerhaften** Anheben der Trachten mittels Gipsverband, durch einge-legte Trachtenkeile in klebbare oder anschnallbare Hufschuhe oder durch orthopädischen Beschlag (Kunststoff (geklebt oder beschlagen) oder Eisen (beschlagen) abgeraten werden.*

Barhufbearbeitung

Die betroffenen Hufe eines Pferdes müssen auf-grund der krankhaften Veränderungen, die eine akute beziehungsweise chronische Rehe mit sich bringt, anders als üblicherweise bearbeitet wer-den.

Dabei spielen die folgenden Faktoren eine entscheidende Rolle:

- Das **Schmerzgeschehen** im Huf
- Die **Entzündung** im Huf
- Die Beschädigung der **Huflederhäute**
- Bei chronischer Rehe die **Hufbeinabsenkung** beziehungsweise **-rotation** mit der Gefahr eines Sohlendurchbruchs
- Die Bildung von **Narbenhorn** bei chronischer Hufrehe
- Veränderungen an der Sohle und am Strahl

Während man sich über das Anheben und Abnehmen der Trachten uneins ist, ist man sich uneingeschränkt über die Zubereitung der »schwebenden Zehe« einig.

»Schwebende Zehe«

Die »schwebende Zehe« wird aus folgendem Grund ausgebildet: Das Pferd rollt beim Auf- und Abhufen über die Hufspitze (= Zehe) ab. Und zwar in unterschiedlicher Weise (zum Beispiel rollen Arabische Vollblüter oftmals vermehrt oder Gangpferde in verminderter Form über die Zehe ab). Deshalb wird bei einer fachgerechten, norma-len Barhufbearbeitung oder bei einem Beschlag eine sogenannte Zehenrichtung vorgegeben, die dem Pferd das Abrollen über die Zehe beim Laufen erleichtert. Die schwebende Zehe stellt dabei nochmals eine Verstärkung dieser Zehenrichtung dar, um das Abrollen hinsichtlich der Schmerz-linderung vermehrt zu erleichtern. Gleichzeitig nimmt man mit der Hufraspel die Unterseite des Hufes im Bereich der Zehe ab, man erzeugt quasi einen luftleeren Raum an der Zehe, sodass der besonders schmerzhafte Zehenbereich keinen Bodenkontakt hat.

Im Verlauf einer chronischen Hufrehe wächst im Bereich der schwebenden Zehe beziehungsweise

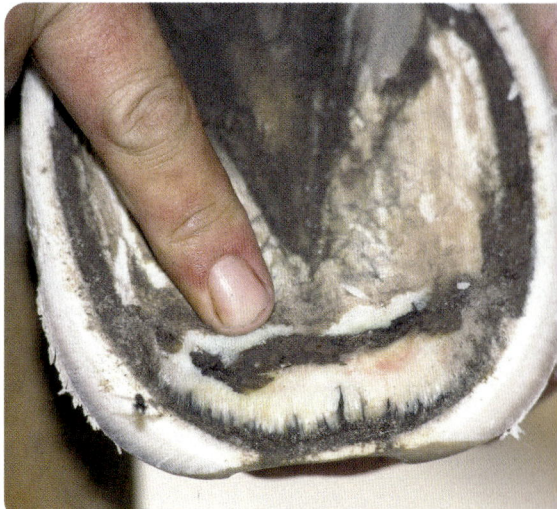

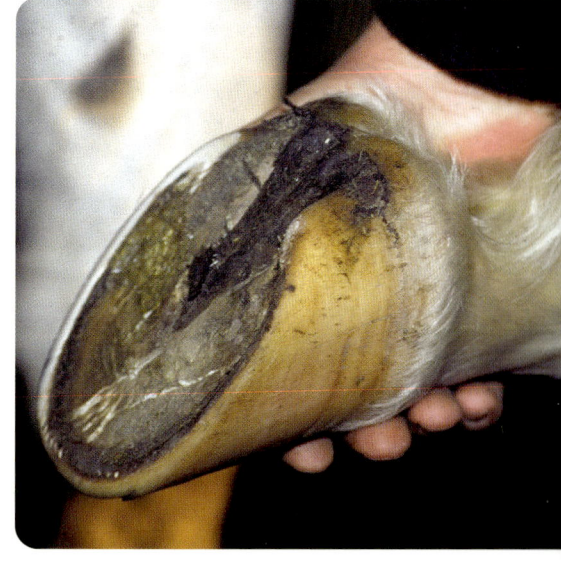

oben: Abraspeln der Zehe

oben rechts: Frei schwebende Zehe, Ansicht von unten: deutlich sind das Narbenhorn und die beschädigte Lamella zu erkennen.

rechts: Dieses Bild zeigt einen Rehehuf mit halb abgenommenem Tragrand beziehungsweise Trachtenwand. (Nur zur Veranschaulichung, Arbeit am Huf noch nicht beendet!)

der weißen Linie das sogenannte **Narbenhorn** heraus (abgestorbene, übel riechende und zerstörte lamellaartige Verbindungen).

Abnehmen des Tragrandes

Ein zweiter Aspekt der Barhufbearbeitung bei Hufrehe ist das vorsichtige Abraspeln des Tragrandes im hinteren Bereich mit dem Ziel, die Eckstreben, den Hufballen und den Strahl beim Aufnehmen der Druckkräfte vermehrt heranzuziehen.

Hierbei muss individuell vorgegangen werden:

● Vermehrtes Abnehmen des hinteren Tragrandes bei konkaven Sohlen (nach innen gewölbte Sohlen: entweder manipuliert aufgrund des Aus-

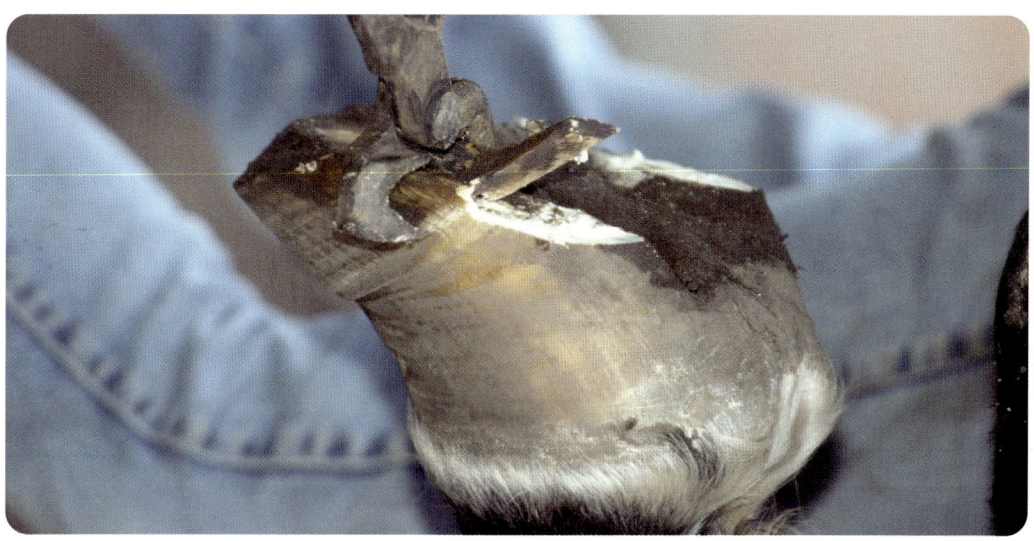

Abkneifen des Tragrandes eines Rehehufes mit einer Hufzange.

schneidens der Sohle durch den Hufschmied im Rahmen vorangegangener Hufbearbeitungen oder naturgegebener Wölbung bei einigen Pferden).

● Vermindertes Abnehmen des Tragrandes bei natürlich belassenen, ausgeprägten Sohlen und Eckstreben.

In beiden Fällen muss jedoch auf die Substanz der Hufe geachtet werden, wobei man kurzen, flachen oder abgelaufenen Hufen selbstverständlich nur sehr wenig oder gar keinen Tragrand abnehmen darf, bei hochgewachsenen und steilen entsprechend mehr.

Es gilt, durch die Wegnahme des hinteren Tragrandbereichs (= Trachten), eine Fläche zu erzeugen, auf der die Hufsohle, der Tragrand und die Eckstreben eine Ebene bilden. Ein ausgeprägter Strahl, der ursprünglich die gleiche Höhe wie der Tragrand hat, muss ebenso niedriger geschnitten werden, damit er nicht durch das Abnehmen des Tragrandes übersteht.

Dieses Abnehmen des Tragrandes hat einerseits eine vermehrte Durchblutung des Hufes zur Folge, weil Hufballen und Strahlkissen vermehrt »herangezogen« werden, andererseits werden die Druckkräfte nicht mehr in voller Höhe über den Tragrand aufgenommen (besonders bei ebenen, härteren Böden), sondern gleichermaßen von Ballen, Sohle, Strahl und Tragrand. Dadurch wird der labile Aufhängeapparat zwischen Tragrand und Huflederhaut entlastet.

Entlastung

Es gilt, durch die Wegnahme von Tragrand und Eckstreben den Huf im hinteren Zweidrittel-Bereich flächig so abzusenken, dass durch den neuen Hufquerschnitt der schmerzhafte vordere Hufbereich entlastet wird.

Hinweis

*An dieser Stelle sei noch einmal darauf hingewiesen, dass jeder erkrankte Huf im Hufrehegeschehen individuell zu bearbeiten ist. Inwieweit man Eingriffe an der Hufsohle vornehmen darf oder muss, die Erleichterung verschaffen, muss der Tierarzt und/oder Hufschmied entscheiden. **Auf gar keinen Fall** sollte aber der je nach Hufgröße circa 20 x 20 Millimeter umfassende Bereich direkt unter der (abgesenkten) Hufbeinspitze (also direkt vor der Strahlspitze) mit dem Hufmesser beschnitten werden, weil sonst gegebenenfalls ein **Hufbeindurchbruch** provoziert werden kann.*

*Lediglich können vom Tragrand beziehungsweise der weißen Linie aus in Richtung der mit der Abdrückzange oder manchmal schon mit dem fest aufgedrückten Daumen georteten schmerzhafte Bereiche vorsichtig geöffnet werden, damit die schmerzverursachenden Inhalte ablaufen können. Aber Achtung: Nicht immer bricht das Hufbein im vorderen Bereich durch, sondern auch seitlich, da das Hufbein ja rund um den Huf verläuft. Eine weiche, sehr schmerzhafte Stelle kann also auch der Beginn eines Durchbruchs sein und **kein** Hufgeschwür!*

Die acht Skizzen auf Seite 103 zeigen die Druckverteilungen im Huf

- Links auf den beschlagenen Huf (oben Ansicht von hinten, unten von der Seite) mit hohem Tragrand, dünner und konkaver Sohle.
- Links-Mitte auf den Barhuf mit hohem Tragrand, dünner und konkaver Sohle.
- Rechts-Mitte auf beschlagenen Huf (Rehebeschlag) mit ausgefüllter Sohle/ausgefülltem Strahl.
- Rechts auf den Barhuf mit gekürztem Tragrand und voll mittragender Sohle, Strahl und Ballen

Während beim Auffußen auf ebenem, hartem Boden die Verteilung der Druckkräfte beim normal beschlagenen Huf und beim Barhuf mit hohem Tragrand nahezu identisch sind, nämlich durch den fehlenden Bodenkontakt – und damit mög-

lichem Gegendruck vom Boden – von Strahl, Sohle und Hufballen einzig über die Huflederhaut auf die Spitze und die Randbereiche des Hufbeins und von dort in das Hufbeingelenk, verteilen sich die Druckkräfte beim Huf mit korrekt aufgebrachtem Rehebeschlag (mit Unterfütterung der Sohle durch Silikonkautschuk oder Ähnlichem) und beim Barhuf mit abgenommenem Tragrand von unten gleichmäßig auf alle Hufbereiche. Das sind der Tragrand, die Sohle, die Eckstreben, der Strahl und der Hufballen. Von dort aus werden sie ebenfalls gleichmäßig über das Strahlkissen und die komplette Huflederhaut auf die gesamte Hufbeinsohle und Hufbeinwände weitergegeben, es entstehen also keine konzentrierten Druckkräfte.

Einige Autoren beziehungsweise Tierärzte wie Dr. Hiltrud Strasser und Professor Pollitt raten grundsätzlich zum erheblichen Abnehmen der Trachten, um eine möglichst bodenparallele Stellung der

Foto links: Dieses Präparat macht die runde Ausbildung des Hufbeins deutlich.
Foto rechts: Ausgetretene Huflederhaut nach der seitlichen Öffnung einer
schmerzhaften, weichen Stelle.

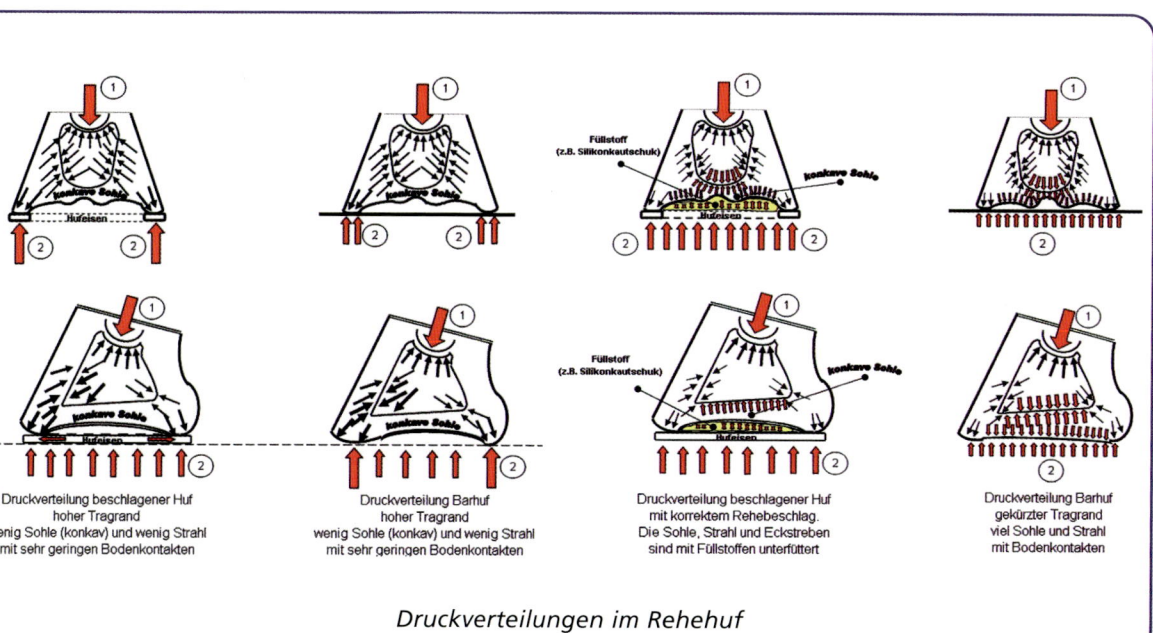

Druckverteilungen im Rehehuf

Hufbeinsohle (= Unterseite des Hufbeins) mit der Hufsohle zu erreichen.

Ausbilden von Drainagegefügen

Im Abschnitt »Sofortmaßnahmen« wurde bereits die Durchführung punktueller, furchenähnlicher oder flächiger »Drainagen« an der Vorderseite der Hufe zur Verminderung des Innendrucks angesprochen.

Die »klassische« Ausbildung dieser »Drainage-Legung« ist das flächige Abraspeln der vorderen Hufwand bis kurz vor dem Ende der »weißen Linie«, also unmittelbar vor dem Bereich der Wandlederhaut mit dem Ziel des Flüssigkeitsaustritts und gleichzeitiger Druckminderung. Dieser massive Eingriff birgt jedoch die Gefahr einer Instabilität des Hufes in sich. Es wäre aber vollkommen ausreichend, entweder zwei vertikale Furchen anzuordnen, ebenfalls bis kurz vor dem Bereich der Wandlederhaut oder – um die Struktur der Hornkapsel weitgehend zu erhalten – zwei punktuelle Öffnungen an dieser Stelle einzubohren. All diesen Eingriffen ist gemein, durch Flüssigkeitsaustritt den Innendruck zu mindern. Inzwischen sind die Ausbildungen von Drainagegefügen an der vorderen Hufaußenwand in Fachkreisen allerdings nicht unumstritten, sollen im Folgenden aber dennoch der Vollständigkeit halber dargestellt werden.

Praktische Vorgehensweise

Das flächige Entfernen der harten Außenwand am vorderen Hufbereich geschieht durch eine Hufraspel. Hierbei muss der Hufschmied aufgrund der schmerzbedingten Problematik sowohl schnell, präzise, kräftig aber gleichsam sehr einfühlsam zu Werke gehen, um in kurzer Zeit das äußerst harte Glasurhorn beziehungsweise

Einfräsen einer Dehnungsfuge beziehungsweise Furche.

Wandhorn zu entfernen. Müssen die Hufe hierzu auf den Hufbock gestellt werden, kann man die runde Auftrittsfläche des Hufbocks aus Eisen mit mehrfachen Lagen Watte polstern und diese mit einer elastischen Binde umwickeln, um den direkten, harten und schmerzhaften Kontakt beim Aufstellen des Hufes zu mindern. Dieser stoßdämpfende Effekt ist auch durch einen übergestülpten Tennisball zu erreichen.

Eine andere Möglichkeit ist das Einfräsen von Drainage-Schlitzen oder das punktuelle Bohren einer Drainage-Öffnung. Hierbei kann der Huf am Boden belassen werden (Druckminderung durch alte Teppich-Reste, Decken oder Kunststoff-Matten). Mit einem speziellen Gerät (zum Beispiel »Multi-Dremel«, bis 37.000 Umdrehungen/Minute) und entsprechendem Fräs-Aufsatz werden die beiden Schlitze (von oben nach unten) oder die punktuelle Öffnung eingefräst.

Aufgrund der hohen Drehzahl dieses Gerätes mit den entsprechend lauten Geräuschen beim Fräs-

Zwei fertig eingefräste Dehnungsfugen.

Punktuelle Bohrung.

vorgang, sollte das betroffene Pferd in Ruhe darauf vorbereitet beziehungsweise daran gewöhnt werden. Eventuell können zur Beruhigung Bachblüten-Notfalltropfen verabreicht werden. Wenn das Pferd zu Beginn des Fräsvorgangs merkt, dass ihm keine zusätzlichen Schmerzen bereitet werden, steht es meist ruhig. Ab und zu kann es den Huf heftig zurückziehen, was jedoch für den ausführenden Huffachmann keine Gefahr darstellt, da diese Hufbewegung vom Fräsgerät weg geschieht. Insgesamt verlangt dieser fast chirurgische Eingriff vom Durchführenden äußerste Konzentration, Feinfühligkeit und viel praktische Erfahrung, um diese Drainagelegung richtig hin zu bekommen. Nicht zu flach, damit wäre der Sinn der ganzen Sache verfehlt, und nicht zu tief, gegebenenfalls in das »Leben« hinein, das hätte fatale Folgen hinsichtlich eindringender Bakterien in die Huflederhaut. Ein zu tiefes Fräsen ist aber nahezu ausgeschlossen, weil die »weiße Linie« sehr weich und schwammartig und vor allem bei dunklen Hufen gut sichtbar ist. Bei korrekter

Durchführung der Drainagelegung erscheint innerhalb kurzer Zeit der ersehnte erste Tropfen, der von innen nach außen dringt. Dieser Moment ist das Ziel der ganzen Prozedur. Im weiteren Verlauf gelangt zusätzliche Flüssigkeit durch die Drainageöffnung(en) und verschafft dem Pferd erhebliche Erleichterung durch Schmerzlinderung, wie die Erfahrung gezeigt hat. In der Folgezeit allerdings verschließt sich diese Öffnung durch das Herunter- und Herauswachsen des Horns und unterbindet den Druckausgleich. Hier kann durch vorsichtiges Nachfräsen erneut der gewünschte Effekt erzielt werden. Prinzipiell gilt, zu einem bestimmten Zeitpunkt, nämlich vor der höchsten Entwicklung der Entzündung mit ihrer begleitenden Innendruckentwicklung, eine entsprechende Abführung nach außen zu gewährleisten.

Schließlich sei noch der optische Eindruck dieses Eingriffs erwähnt. Im Laufe der Zeit – circa sechs Monate nach dem Eingriff – sind die Drainage-Furchen beziehungsweise Öffnungen ganz heraus-

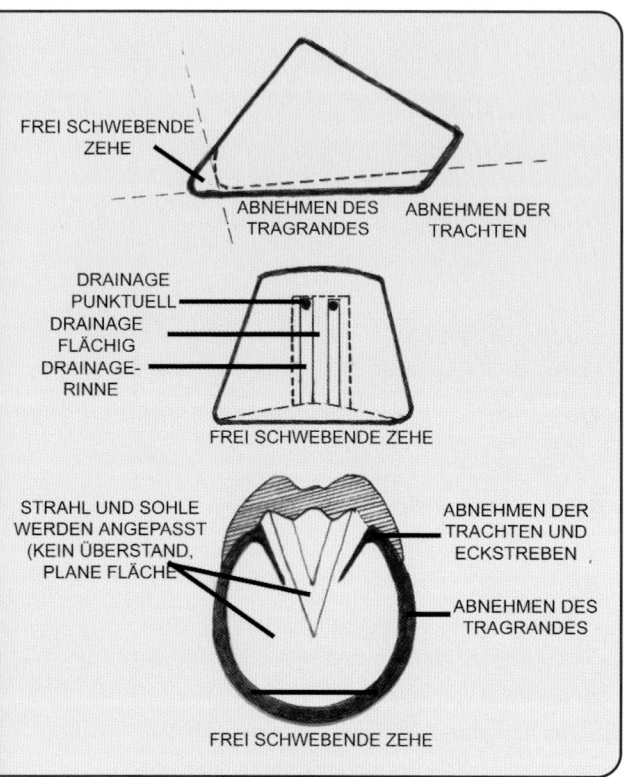

FREI SCHWEBENDE
ZEHE

ABNEHMEN DES   ABNEHMEN DER
TRAGRANDES   TRACHTEN

DRAINAGE
PUNKTUELL
DRAINAGE
FLÄCHIG
DRAINAGE-
RINNE

FREI SCHWEBENDE ZEHE

STRAHL UND SOHLE   ABNEHMEN DER
WERDEN ANGEPASST   TRACHTEN UND
(KEIN ÜBERSTAND,   ECKSTREBEN
PLANE FLÄCHE

                               ABNEHMEN DES
                               TRAGRANDES

FREI SCHWEBENDE ZEHE

*Schematische Darstellung der
Barhufbearbeitung bei Hufrehe*

gewachsen. Eine besondere Behandlung bedarf es dabei nicht. Lediglich der unterste Bereich der Furche, der nach ein bis zwei Monaten am Boden »ankommt«, muss rundgefeilt – und vom Boden schwebend – egalisiert werden, damit keine Scherkräfte entstehen, die gegebenenfalls zu Hornspalten führen.

Fazit

Aus den Erfahrungen zahlreich erlebter Fallbeispiele werden die folgenden Schlussbetrachtungen hinsichtlich der Bearbeitung von Barhufen

Hufrehe geschädigter Pferden kurz zusammengefasst:

● Abnehmen des Hufhorns an der Zehe der betroffenen Hufe mit dem Ziel einer »frei schwebenden Zehe« zur Entlastung der vorderen, schmerzhaften Bereiche und zum besseren Abrollen.

● Abnehmen des Tragrandes – in Richtung der Trachten zunehmend – zur Entlastung des Aufhängeapparates mit gleichzeitiger Mitträgerschaft durch Strahl, Hufballen und Eckstreben.

● Fachgerechte Durchführung von Drainage-Furchen beziehungsweise Öffnungen zur Entlastung des entzündungsbedingten Innendrucks kann in Erwägung gezogen werden.

● Kontinuierliches Abraspeln des Hufhorns im Zehenbereich, um der Wölbung nach außen/vorne und gegebenenfalls einer Knollhufbildung entgegenzuwirken.

Weitere Aspekte zur Barhufbearbeitung bei Pferden mit chronischer Hufrehe

In der medizinischen Fachliteratur wird eine Erkrankung als chronisch (dauerhaft) bezeichnet, wenn sie länger als 48 bis 72 Stunden anhält – beziehungsweise deren entzündlicher Prozess. In einer Dissertation der FU-Berlin (www.diss.fu-berlin.de/2002/216) wurden Daten von 252 Pferden über einem Zeitraum von 13 Jahren (1976 bis 1989) zusammengetragen und analysiert, die in der Pferdeklinik der FU-Berlin behandelt wurden. Dabei wurde der größte Teil der Hufrehepatienten (71,8 Prozent) als »chronische Hufrehefälle« eingestuft. Überträgt man diese Erkenntnisse auf Hufrehepatienten, die nicht in der Klinik, sondern vor Ort im Stall durch den Haustierarzt behandelt werden, so kann auch hier davon ausgegangen werden, dass Dreiviertel aller Hufrehefälle chronisch sind. Berücksichtigt man

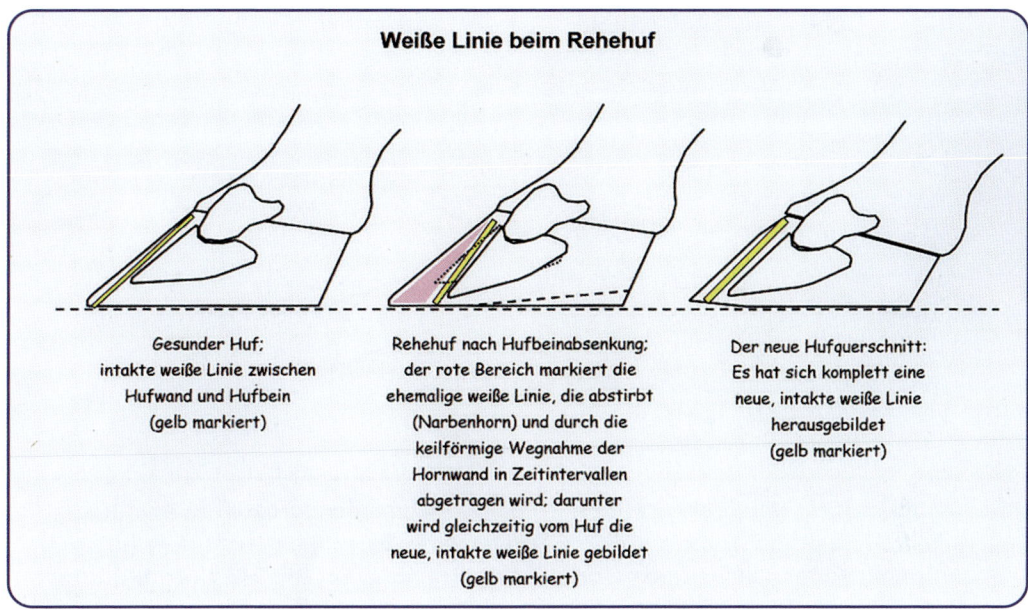

Weiße Linie beim Rehehuf

Gesunder Huf;
intakte weiße Linie zwischen
Hufwand und Hufbein
(gelb markiert)

Rehehuf nach Hufbeinabsenkung;
der rote Bereich markiert die
ehemalige weiße Linie, die abstirbt
(Narbenhorn) und durch die
keilförmige Wegnahme der
Hornwand in Zeitintervallen
abgetragen wird; darunter
wird gleichzeitig vom Huf die
neue, intakte weiße Linie gebildet
(gelb markiert)

Der neue Hufquerschnitt:
Es hat sich komplett eine
neue, intakte weiße Linie
herausgebildet
(gelb markiert)

Barhufbearbeitung des Rehehufs nach Hufbeinabsenkung

allerdings die relativ lange Entstehungsphase einer Hufrehe (also der Zeitabschnitt, in dem der Verlauf der Erkrankung bereits begonnen hat, es aber noch zu keinen klinischen Symptomen kommt), könnte man schlussfolgern, dass **alle** Hufrehefälle chronisch sind. Aber hier lässt die Schulmedizin noch viele Fragen offen.

Wie bereits erwähnt, benötigt ein Rehehuf etwa ein Jahr, bis er komplett nachgewachsen ist – vorausgesetzt, in dieser Zeit entstehen keine weiteren Reheschübe. In diesem Jahr müssen mindestens alle vier Wochen Bearbeitungen am Huf vorgenommen werden, um

● einer sogenannten »Knollhufbildung« entgegenzuwirken

● die Winkelung zwischen der vorderen Hufwand und dem abgesenkten Hufbein wieder nahezu in parallele Lage zu bringen und

● dem Huf die Möglichkeit zu geben, sich auszudehnen, um den Innendruck zu vermindern, den Schmerz zu lindern und die Durchblutung zu verbessern.

Die Verhinderung der Bildung eines Knollhufes beziehungsweise das Abtragen der sogenannten »Hornwülste« und die Ausdehnung des Hufes (Verbreiterung) erreicht man durch die in Intervallen durchgeführte flächige Wegnahme der vorderen Hufwand. Hierbei werden beim erstmaligen Abraspeln im oberen Bereich nur Hornwülste und Glasurwand abgetragen, im mittleren Bereich geht man bis in die Hornwand und im unteren Bereich bis zur weißen Linie. Bei den darauf folgenden Bearbeitungen raspelt man die vordere Hufwand dann soweit ab, bis die ehemalige weiße Linie – die nach der Hufbeinabsenkung nach und nach abstirbt (= Narbenhorn) – ganz abgetragen

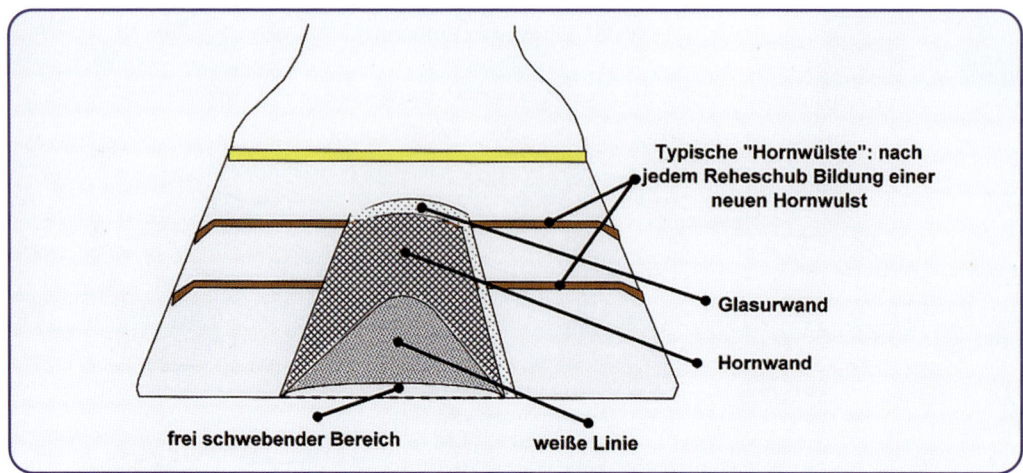

*Vorderansicht des Rehehufs mit flächiger Abnahme der vorderen Hornwand.
Die keilförmige Wegnahme der Hornwand im Zehenbereich gestattet dem Huf, sich
seitlich auszudehnen; dadurch wird der Schmerz reduziert und die Durchblutung
verbessert; außerdem wird der Entstehung eines Knollhufes entgegengewirkt.*

ist und man sich an dem Punkt befindet, an dem sich die neue und intakte weiße Linie gebildet hat.

Rehebeschlag

Wie bereits erwähnt, gibt es Pferde, die schon im »Normalzustand« ohne einen Hufbeschlag nicht auskommen. An dieser Stelle soll aber nicht näher auf die Thematik eingegangen werden, dass jedes Pferd in einem gewissen, auf ihn individuell abgestimmten Zeitraum und unter Zuhilfenahme verschiedener moderner Hufschutzvorrichtungen (Kunststoffen) von Eisenbeschlag auf Barhuf umgestellt werden könnte. Die Realität weist nun einmal bestimmte Rahmenbedingungen auf, die es einem lange Zeit beschlagenen Pferd von heute auf morgen unmöglich macht, ohne einen Hufschutz auszukommen, schon gar nicht bei einer Hufrehe.

Ein Rehebeschlag beziehungsweise orthopädischer Beschlag muss nach den inzwischen bekannten Kriterien und Erkenntnissen im Hufrehegeschehen angefertigt werden.

Dabei sind folgende Faktoren zu berücksichtigen:

● Der Beschlag muss so gestaltet werden, dass er eine Belastung auf den vorderen Hufbereich in keinem Fall zulässt (frei schwebende Zehe).

● Es dürfen keine Hufnägel im Zehenbereich eingebracht werden.

● Es sollten dünnhalsige Hufnägel gewählt werden.

● Die Trachten werden vor dem Aufnageln gekürzt.

● Sohle, Strahl und Strahlfurche müssen mit stoßdämpfenden Materialen ausgefüllt werden, zum Beispiel Silikonkautschuk, die sie zusätzlich zum Mittragen der Lasten heranziehen und einen

Korrektes und unkorrektes Eisen für den Rehebeschlag: Das rechts abgebildete Eisen zeigt den zuvor beschriebenen korrekten Rehebeschlag. Das linke Eisen ist unkorrekt: zu weit vorgelassenes Zeheneisen und weit vorn angesetzter, schmaler Steg, welcher Druck auf die Hufbeinspitze ausübt und kaum Füllmaterial aufnehmen kann.

drohenden Sohlendurchbruch verhindern.

● Das Eisen darf nur kurz warm aufgebrannt beziehungsweise angepasst werden.

● Es muss für eine ausgeprägte Zehenrichtung gesorgt werden, die dem Pferd das Abrollen über die Zehe erleichtert.

● Das vordere Horn der Zehenwand sollte – wie auch bei der Barhufbearbeitung – etwa 20–30 Millimeter unter dem Kronrand beginnend, je nach Hufgröße circa vier bis sechs Zentimeter

breit und drei bis fünf Zentimeter flächig bis nach unten und bis auf die weiße Linie abgeraspelt werden.

Da die Hufrehe eine schon seit langer Zeit bekannte Erkrankung ist, wurde für ihre Behandlung eine Vielzahl von Korrekturbeschlägen hergestellt. Die meisten wiesen jedoch erhebliche Mängel auf. Aus den Sammlungshufeisen des Instituts für Tiermedizin und Tierhygiene der Universität Hohenheim bei Stuttgart geht hervor, dass bei Hufrehe oft geschlossene Eisen verwendet wurden (*Lungwitz*, 1898), während *Köster* (1991) ein breites halbmondförmiges Eisen für geeignet hielt. *Stark* und *Güther* (1917) wussten schon um die Wichtigkeit des Gegendrucks von unten im Bereich der Sohlenfläche und entwickelten eine Reheplatte, bei welcher nur der Strahl ausgespart blieb.

! Röntgenbilder

Der Hufschmied benötigt für seine Arbeit am Rehehuf unbedingt die Röntgenbilder!

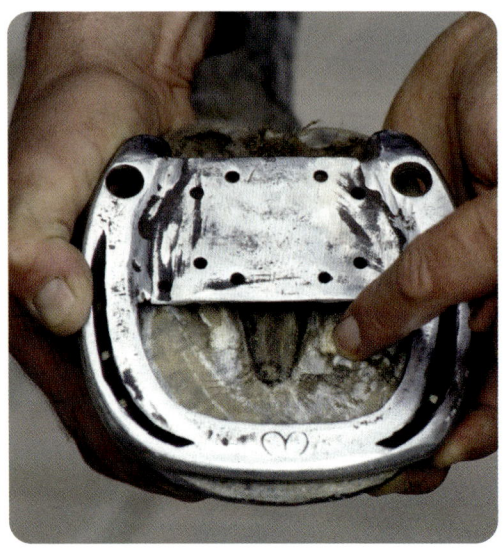

Am Huf aufgelegtes, korrektes Eisen für den Rehebeschlag mit breiter und gelochter Stahlplatte (Steg) im hinteren Bereich. Der Zehenbereich ist stark zurückgenommen und leicht aufgezogen. Hohe Seitenaufzüge im vorderen Bereich links und rechts, um dem Beschlag sicheren Halt zu geben. Genagelt wird mit dünnhalsigen Hufnägeln im hinteren Teil des Eisens. Die vorderen Hufnagelöffnungen im Eisen bleiben frei. Der Hohlraum zwischen Platte (Steg) und Hufsohle kann mit elastischem Füllmaterial, zum Beispiel Silikon, unterfüttert werden. Die Löcher in der Platte (Steg) sorgen für einen guten Halt des Füllmaterials.

Nach *Ruthe* (1978) ist die Verwendung dieser Reheplatte jedoch nicht mehr zu empfehlen, weil dieser Beschlag zu schwer ist.

Dennoch soll ein Beispiel für einen Rehebeschlag aus dieser Zeit vorgestellt werden:

Rehebeschlag nach Stabsveterinär *Dr. Stark* (aus: Görte/Scheibner, Leitfaden des Hufbeschlags, 1932, S. 105–107). Dieser inzwischen achtzig Jahre alte Beschlag besitzt nach heutigen Maßstäben durchaus ansprechende Ansätze, besonders hinsichtlich eines Sohlendurchbruchs der Hufbeinspitze: »Stark sucht in einem breiten, der ganzen Sohlenfläche genau angepassten Eisen eine Stütze zu geben, und zwar unter Freilegung der Zehe.

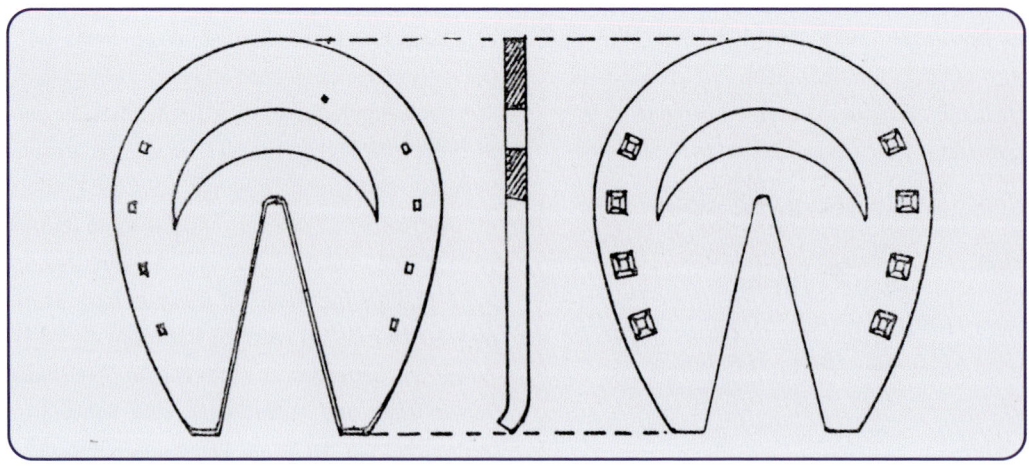

Dieser Kunststoff-Hufverband sollte bei einer akuten Hufrehe nicht verwendet werden:
a) Das Material härtet in der Winkelung Sohle/Hornwand sehr stark aus, so dass sich der kranke, unter hohem Entzündungsdruck stehende Huf kaum ausdehnen kann (Narbenhorn).
b) Die hohe Wärmeentwicklung während der Reaktionszeit des Kunststoffs am Huf ist ein zusätzliches Problem. Hygienische und kühlende Hufpflegemaßnahmen sind so gut wie unmöglich.
c) Das Abnehmen eines solchen Hufschutzes ist bei einem an Hufrehe erkrankten Pferd oft schmerzhaft.

Auf diesem Bild wird ein Aluminium-Eierbeschlag mit erhöhtem Trachtenkeil gezeigt, der den Huf auf die Spitze stellt und die Hufzehe, wie deutlich zu sehen ist, auf den Zehenbereich des Beschlages presst (siehe die herausstehenden Nägel im vorderen Bereich).

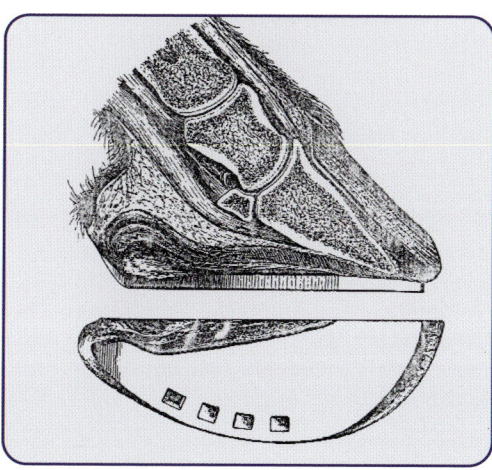

»Hufrehebeschlag nach Stark«

links: Querschnitt eines Rehehufes mit Beschlag nach Stark.

ganz links (Seite 110):
Unterseite des Stark-Eisens für den Rehehuf mit Sohlendurchbruch.

Fallbeispiel Rehebeschlag mit Sohlendurchbruch

Einer der schwersten uns bekannten Hufrehefälle mit Sohlendurchbruch sei an dieser Stelle kurz umrissen:
Bei dem Pferd handelt es sich um eine damals 3-jährige Arabisch-Vollblut-Stute, trockener Typ, gesunde Hufe. Die Anamnese hatte keine Hufrehe bedingte Vorgeschichte.

Die Komplikation begann im Juni 1997 mit einer Lahmheit der hinteren Gliedmaße und offener Wunde als Folge einer Weideverletzung. Der Tierarzt diagnostizierte und therapierte auf Wundstarrkrampf, die Art der Medikamentenvergabe ist unbekannt. Es entwickelte sich eine Hufrehe auf beiden Vorderhufen, wobei wiederum nicht klar war, ob es sich um eine Belastungs- oder Medikamentenrehe handelte. Die 1. Röntgenaufnahme zeigte eine Winkelung zwischen Hufwand und Hufbeinwand von 12°, eine Hufbeinrotation hatte also schon eingesetzt. Im Februar 1998 entschied man sich für das Aufbringen eines Rehebeschlags an den beiden Vorderhufen. Dieser Beschlag wurde mit Stegen genau über der Hufbeinspitze versehen, es kam daraufhin zu einem Sohlendurchbruch.

Die zu diesem Zeitpunkt durchgeführte 2. Röntgenaufnahme zeigte eine erhebliche Hufbeinabsenkung mit einer Winkelung von 29° zwischen Hufwand und Hufbeinwand (an einem Huf; siehe Grafik Röntgenbilder). Daraufhin wurde das Pferd in eine Klinik verbracht und es wurde der Vorschlag geäußert, die Stute einzuschläfern. Der Besitzer entschied sich dagegen und konsultierte die Huf-Koryphäe Fritz Rödder. Der mangelhafte Rehebeschlag wurde unter schwersten Umständen entfernt und schließlich alle vier Wochen ein neuer, korrekten Rehebeschlag aufgebracht (durch Fritz Rödder). Nach erfolgreicher Behandlung der Hufbeindurchbrüche folgte im Oktober 1998 das Abnehmen des Rehebeschlags und eine den Rehehufen orientierte Barhufbearbeitung. Die 3. Röntgenaufnahme zeigte jetzt eine nahezu gleiche Winkelung wie zu Beginn (14°), im Juni 1999 schließlich die 4. und letzte Röntgenaufnahme – ebenfalls mit einer Winkelung von 14°. Das Pferd wurde zu diesem Zeitpunkt wieder leicht im Gelände bewegt (barhuf).

Im Juni 2001 entschied sich der Besitzer für eine Bedeckung (mit sofortiger Trächtigkeit) unter der Annahme einer leider immer noch irritierenden land-läufigen Meinung, trächtige Stuten seien für Hufrehe nicht anfällig. Mitten in der Trächtigkeit (Herbst 2001) erlitt die Stute einen erneuten Reheschub, der jedoch zum Glück nicht so stark ausfiel. Schließlich erfolgte im Mai 2002 die Geburt eines gesunden Fohlens ohne Komplikationen (leicht übertragen, allerdings erste Geburt). Im Juli 2002 war der letzte Reheschub auskuriert, das Fohlen wuchs gesund heran. 2007 wurde die inzwischen 8-jährige Stute nach einem neuerlichen heftigen Reheschub von ihren Leiden erlöst.

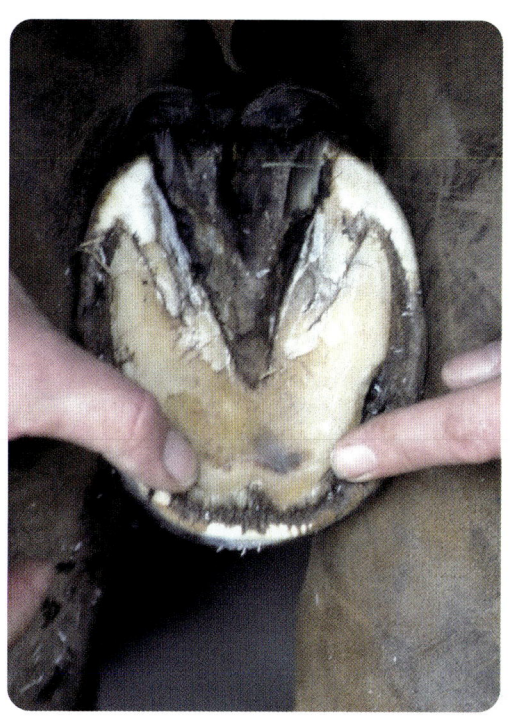

links: Dieses Bild zeigt die Sohle des halb-
wegs ausgeheilten Rehehufs im Juni 1999
in dem geschilderten Fallbeispiel der
Araberstute.

Grafik unten: Vier Röntgenbilder in einem
Zeitraum von zwei Jahren der im
Fallbeispiel vorgestellten AV-Stute mit
Sohlendurchbruch.
oben links: Röntgenaufnahme Juni 1997;
AV-Stute 3-jährig, erster und unkorrekter
Rehebeschlag, akute Hufrehe (Belastungs-
oder Medikamentenrehe)
unten links: Röntgenaufnahme Oktober
1998; jetzt barhuf
oben rechts: Röntgenaufnahme Februar
1998; zweiter und korrekter Rehebeschlag,
Sohlendurchbruch
unten rechts: Röntgenaufnahme Juni 1999;
barhuf

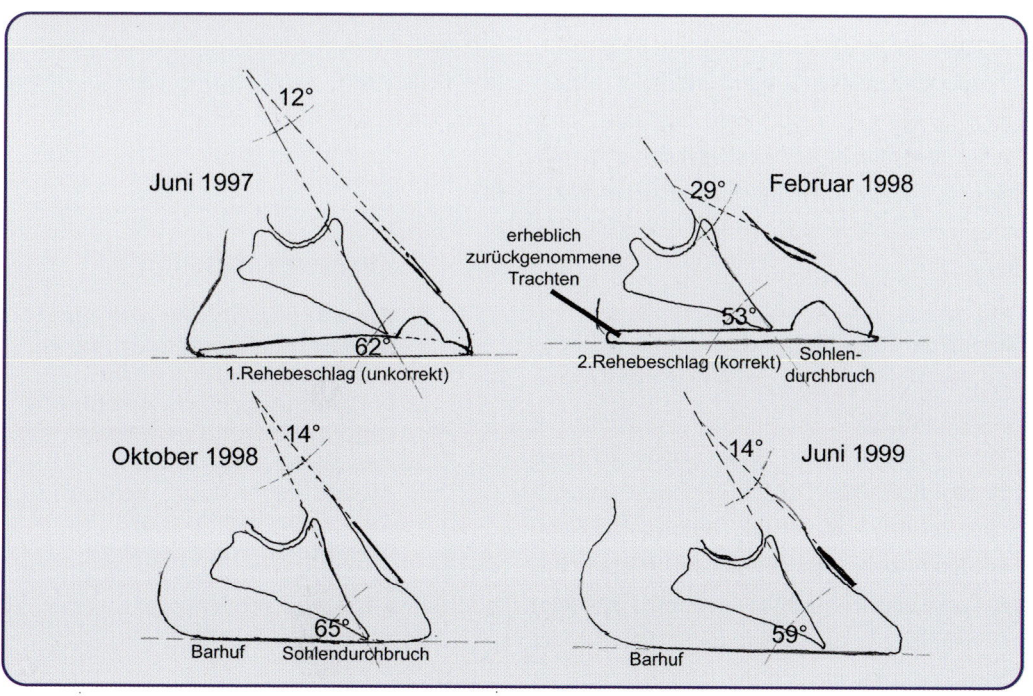

Während bislang dies durch Einlegen einer Leder-sohle und Wergpolsterung erfolgte, nimmt Stark ein breites Stempeleisen, das die ganze untere Sohlenfläche bedeckt. Die Tragefläche des Eisens ist je nach der Abwärtswölbung der Sohle mehr oder weniger ausgehöhlt. Für den Strahl ist ein Ausschnitt frei. Das Eisen ist dem alten Deutschen Eisen ähnlich, sechs bis sieben Millimeter dick, die Nagellöcher sitzen weit nach hinten. Zehen- und Seitenaufzüge fehlen, die Schenkelenden sind schlittenkufenartig aufgebogen. Die Beschneidung ist nicht abweichend, nur werden die Eckstreben in einer Ebene mit dem Tragrand gelassen und so voll zum Tragen herangezogen. Bei Sohlendurch-bruch hat das Eisen an der Stelle des Durchbruchs ein Fenster, so dass es hier nicht aufliegt. Nach fer-tig gestelltem Beschlage wird das Fenster mit Huflederkitt geschlossen: auf diese Weise kann der freiliegende Teil des Hufbeins behandelt werden.

Durch diesen Beschlag wird das Hufbein gestützt, durch das Heranziehen der Sohle zum Tragen letz-tere zum Wachstum angeregt. Schon beim zweiten Beschlag kann man erkennen, dass die Sohle stärker geworden ist; späthin bildet sich eine volle Sohle. (...) Mit diesem Beschlag sind bei Rehe-hufen vielfach recht günstige Erfolge erzielt wor-den.«

Die vier durchgepausten Röntgenbilder auf Seite 113 (die Originale liegen den Autoren vor) stellen die Lage des Hufbeins bei der im Fallbeispiel auf Seite 112 beschriebenen Stute in einem Zeitraum von zwei Jahren dar. Die stattgefundene und sich später wieder korrigierende Hufbeinabsenkung beziehungsweise -rotation mit ihren entsprechen-den Winkelungen ist nicht ohne weiteres eindeutig aus den Skizzen zu ersehen, da im Rahmen der Absenkung zwei wesentliche Vorgänge stattge-

funden haben: einmal wurde bei dem Huf im Februar 1998 (Skizze oben rechts) der Tragrand bis zu den Trachten erheblich abgenommen, um eine möglichst bodenparallele Lage zwischen Hufbein-sohle und Hufsohle zu erreichen. Gleichzeitig bildete sich eine beträchtliche Wölbung der vorderen Hufwand (fast bis zum Knollhuf). Deshalb kann die gemessene Winkelung zwischen vorderem Hufbein und der Hufwand von 29° nicht mit der Winkelung im Juni 1997 (Skizze oben links) von 12° verglichen werden. Auch ein Ver-gleich der Winkelungen zwischen Bodenebene und Hufbeinwand (62° und 53°) gibt eine ein-deutige Aussage über die Winkeländerungen nicht her.

Lediglich bei den beiden unteren Hufbeinlagen (Oktober 1998 (unten links) und Juni 1999 (unten rechts)) kann eine Aussage hinsichtlich der Rück-bildung der Hufbeinabsenkung beziehungsweise -rotation gemacht werden. Und zwar gemessen an der Bodenebene ein Rückgang der Hufbeinsen-kung um 6° (von 65° bis 59°).

Zusammenfassung

Es kann nicht immer eine aus-sagekräftige Winkelmessung zur Feststellung der Hufbein-veränderung zwischen vorde-rem Hufbein und der Huf-wand (mit aufgeklebtem Metallstift) gemacht werden, da äußere Faktoren, wie Knollhufbildung oder abge-nommene Trachten die reale Situation verschleiern.

Dauerhafter Schutz durch neuartige Klebebeschläge

Seit der Entstehung dieses Buches 2001 hat sich die Entwicklung des klebbaren Hufschutzes erheblich weiterentwickelt. Dabei zielte die Ausrichtung in erster Linie auf den »normalen« Hufschutz bei gesunden Pferden und bei durchschnittlicher Belastung im Gelände. Da man aber erkannt hat, dass sich Klebebeschläge auch besonders bei Pferden mit Hufproblemen außerordentlich gut eignen, entstand eine breite Palette von orthopädischen Kunststoffbeschlägen für verschiedene Erkrankungen, besonders aber für Hufrehe. So gibt es eine ganze Reihe von Kunststoff-Beschlägen, Klebeschalen und anderen Kunststoff-Materialien, unter denen Füllstoffe eingebracht werden können, die die fühlige und empfindliche Hufsohle schützen, dämpfen und die Kräfte, die beim Auffußen auf den Boden auf sie einwirken, auf gesunde und belastbare Hufpartien (Tragrand, Trachten, Eckstreben, Strahl) umleiten. Neu entwickelt wurden auch sogenannte Einkomponenten- und Zweikomponentenkleber auf der Basis von Acrylat oder Polyurethan, mit denen diese Kunststoffbeschläge äußerst kraftschlüssig am Huf befestigt werden können. Diese Kleber besitzen überdies die Eigenschaft, dass sie zusätzlich zum

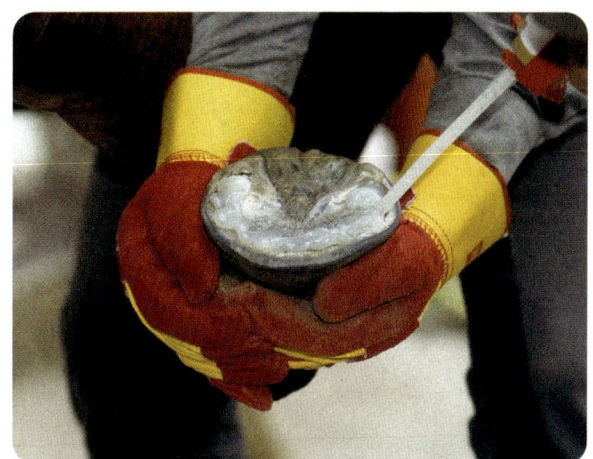

oben: Der Kleber wird auf Tragrand und Trachten aufgetragen, ...
mitte: ... dann wird der Kunststoffbeschlag möglichst fest auf den Huf aufgedrückt. Nach circa zwei bis drei Minuten Aushärtezeit wird der beklebte Huf auf den Boden entlassen, ...
unten: ... wo dann offene Fugen entlang des Tragrandes und der Zehe (unter dem Aufzug) mit Kleber ausgefüllt werden.

 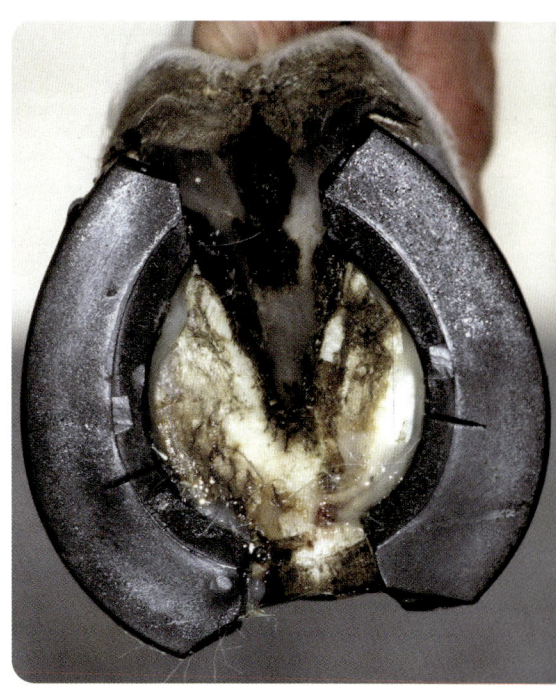

Halbschalen lassen sich individuell an den Rehehuf anpassen,
so dass der empfindliche Zehenbereich frei schwebt.

Ausfüllen von Freiräumen und Öffnungen auch als Kunsthorn eingesetzt werden können, gut zu bearbeiten sind (ähnliche Eigenschaften wie Hufhorn) und sich auch wieder gut vom Huf lösen lassen. Dabei brechen keine Hufteile mehr heraus – wie bei Klebern früherer Generationen –, sondern haften vermehrt am Kunststoff, weniger am Hofhorn (Sohle, Tragrand).

Eigene Erfahrungen haben gezeigt, dass der Klebebeschlag nach überstandener kritischer Phase einer Hufrehe (mit unterstützenden Verbänden) sehr gut vom Pferd angenommen wird. Es konnte eine deutliche Verbesserung beim Geradeauslaufen verzeichnet werden, da der Druck beim Auffu-

ßen des Pferdes nicht mehr die vordere schmerzhafte Hufsohle erreicht. Einzig bei Drehungen des Pferdes war durch den Wendeschmerz keine Verbesserung zu erreichen.

Nachteilig sind leider die Kosten eines Klebebeschlages. Für beide Vorderhufe fallen etwa um 200 Euro an. Auch ist momentan nicht jeder Hufschmied in der Lage, diesen fachgerecht und vor allem haltbar anzubringen.

Besser eignen sich sogenannte »Klebeschalen«. Sie bestehen aus zwei Halbschalen pro Huf, die seitlich an den Huf geklebt werden. Sie haben gegenüber geschlossenen Klebeschuhen den Vorteil, dass sie dem Huf durch Verschieben nach hinten individuell angepasst werden können.

Dieser Kunststoffbeschlag eignet sich nur bedingt als Rehebeschlag, da er keinen Steg zum Unterfüttern von Sohle und Strahl besitzt.

Außerdem bilden sie einen äußerst kraftschlüssigen Verbund mit dem Huf, da der Hauptklebebereich rund um die vordere und seitliche Hufwand besteht. Weiterhin wird ein Freiraum unterhalb der Zehenpartie geschaffen (frei schwebende Zehe), der zusätzlich mit Polstermaterial ausgefüllt werden kann.

Unter den Klebeschalen, die als Hufbeschlagsträger dienen, werden dann die Kunststoff-Hufbeschläge aufgeschraubt. Am Ende werden noch Freiräume, die durch die Zweiteilung der Schalen entstehen, mit Kleber ausgefüllt und überstehende Kunststoffteile der Schalen rundum abgefeilt. So entsteht ein kompakter Hufschutz, der die empfindlichen Bereiche entlastet und durch die ausgeprägte Zehenrichtung das Auffußen und Abrollen des Hufes auf den Boden erleichtert.

Kunststoff-Beschlag

Ähnliche Kriterien wie beim Eisenbeschlag eines Rehehufes gelten auch für den Beschlag mit Kunststoff. Der einzige Unterschied besteht darin, dass ein Kunststoff-Beschlag den Vorteil des geringeren Gewichts mit besserer Haltbarkeit am Huf besitzt. Gleichzeitig führt die Verwendung dünnhalsiger Hufnägel zu einem geringeren Schmerzempfinden beim betroffenen Pferd – sowohl beim Aufnageln als auch beim entstehenden Innendruck durch die Nägel. Außerdem weist er gegenüber dem Werkstoff Eisen eine günstigere Dämpfungswirkung auf (Schlagwirkung Eisen auf hartem Boden).

Bewährt haben sich moderne Kunststoff-Beschläge unterschiedlicher Hersteller. An dieser Stelle soll nicht auf einzelne Produkte eingegangen werden, um keine einseitige Empfehlung auszusprechen.
Allerdings ist bei weitem nicht jeder Hufschmied in der Lage, diesen Hufschutz fachgerecht aufzubringen. Beim Beschlag auf Rehehufe kann dieses Unvermögen fatale Folgen haben.

Klebbare Hufschuhe (dauerhaft)

Eine weitere Schutz-Alternative bieten klebbare Hufschuhe. Neben den bewährten ersten und klassischen Produkten aus dem Hause Dallmer (Dallmer-Cuff) gibt es inzwischen eine ganze Reihe anderer Hersteller, die Klebeschuhe mit unterschiedlichen Funktionen anbieten. So zum Beispiel bei Hufrehe den »Sigafoos-2«-Klebeschuh mit verbesserter Klebetechnik aus den USA (Vertrieb durch Horsetec, Schweiz) mit Aluminium und Kunststoff-Einlagen.

Das Aufbringen eines klebbaren Hufschuhs auf einen Rehehuf hat im Gegensatz zur genagelten Hufschutzvorrichtung vor allem den Vorteil, dass er für das Pferd schmerzloser ist. Inzwischen sind auch verbesserte Kleber entwickelt worden, die den kraftschlüssigen Verbund zwischen Hornwand und Kunststoff-Seiten zufriedenstellend gewährleisten. Denn die bisherigen Kleber haben besonders in der Vergangenheit immer wieder zum Abfallen der Klebeschuhe geführt.

Von Nachteil sind die hohen Kosten, die die Verwendung von klebbaren Hufschuhen mit sich bringen (100 bis 200 Euro für zwei Hufe).

> ## Achtung!
> *Infolge des erhöhten Wachstums der Trachten bei einem Rehehuf kann beim Klebeschuh nicht korrigierend eingegriffen werden (Abnehmen der Trachten) mit den bereits beschriebenen Folgen.*
> *Beim Abnehmen eines Klebeschuhs können darüber hinaus wichtige Hornpartien herausbrechen.*

Anschnallbare Hufschuhe (temporär)

Anschnallbare Hufschuhe als zeitweisen Schutz können bei Rehehufen nur eingeschränkt eingesetzt werden. Bis auf die neuste Entwicklung aus dem Hause Dallmer, der sogenannte »Rehefix«, (auf den im Anschluss noch eingegangen wird) und spezielle Krankenschuhe, wurden alle anderen Hufschuh-Typen ausschließlich für den gesunden Huf zum Zweck des temporären Hufschutzes beim Reiten im Gelände entwickelt.

Die einzige Ausnahme bildet der Schweizer Hufschuh (Swiss-Horse-Boot), der durch seine Form (ganzheitlich umschlossen) medizinische Anwendungen zulässt.

Allerdings ist das Aufbringen dieses Hufschuhs mit dem Holzhammer aufgrund der schmerzenden Hufe nicht ohne weiteres zu bewerkstelligen.

Ein weiterer Einsatz von anschnallbaren Hufschuhen bei Rehehufen kann zum Beispiel beim Überqueren von steinigen, harten oder schotterreichen Böden notwendig werden. Auch bei sehr hart gefrorenen Böden einer Paddockfläche im Winter hat sich der Einsatz eines Hufschuhs bei Rehe geschädigten Hufen bewährt.

Besonders angebracht ist der Einsatz von Hufschuhen in der Folgezeit einer Rehe. Hat das barhuflaufende Pferd eine Rehe einigermaßen überstanden und darf wieder leicht im Gelände bewegt werden, kann die noch bestehende »Fühligkeit« in den Hufen durch Hufschuhe gemindert werden. Die Dämpfungswirkung von angeschnallten Hufschuhen kann vor allem durch Socken, die man über die Hufe zieht und dann in die Hufschuhe einbringt, nochmals verstärkt werden.

Auch haben sich Einlagen – bestehend aus stabilem Schaumgummi (zum Beispiel aus dem Camping-Bedarf) unter passend zugeschnittene PE-Kunststoff-Platten (Zubehör einiger Hufschuh-Hersteller) bewährt, die die Dämpfungswirkung nochmals erheblich steigern.

Wenig geeignet sind zu diesem Zweck Hufschuhe, die ihren Halt durch Riemen um die Trachtenwand erhalten, also zum Beispiel der amerikanische »Easyboot« oder der englische »Equiboot«.

oben: Den »Pro-Fit«-Krankenschuh gibt es in vier Größen von 12.5 bis 16.0 cm (Huflänge Zehe bis Ballen).

mitte: Der »Marquis-Supergrip« eignet sich aufgrund seiner einfachen Handhabung besonders in der Rekonvaleszenz einer Hufrehe.

unten: Hufschuh »Easyboot RX«

Gut anwendbar sind zwei deutsche Hufschuhe, der »Dallmer-Clog« und der »Marquis-Supergrip«. Bei ihnen ist aber zu beachten, dass sie – wie bereits oben erwähnt – für den Gebrauch an einem gesunden Huf konzipiert sind. Um einen entsprechend guten Halt zu haben, müssen sie eng und passend sitzen. Wendet man sie für Rehehufe an, sollten sie mindestens eine Nummer größer gewählt werden.

Seit 2009 gibt es den Hufschuh »Easyboot RX« von Easycare, der besonders auf dem Paddock als Hufschutz bei Rehepferden in der Rekonvaleszenz eingesetzt werden kann. Drei kleine Öffnungen ermöglichen eine Luftzirkulation, durch die der Easyboot RX nach der Eingewöhnung auch längere Zeit an einem Stück getragen werden kann. Ohne weiteren Aufpreis werden für jeden Schuh »EasyCare Comfort Pads« mitgeliefert. Das sind Einlegesohlen aus weichem, aber stabilem Kunststoff, die zusätzlich dämpfend wirken und den Tragekomfort nachhaltig erhöhen. Es gibt sie in zwei Stärken (6 und 12 Millimeter) und drei verschiedenen Dichten. Bei sehr fühligen Pferden wird seitens des Herstellers das grüne Pad (= sehr weich) mit 12 Millimeter Stärke empfohlen.

»Equine Fusion Joggingschuh«

Der Easyboot RX eignet sich aber durchaus auch für Spaziergänge im Gelände und bei solchen Pferden, die auf dem Weg der Besserung sind. Die einfache Handhabung beim Auf- und Abziehen sowie der feste Sitz sind weitere Vorteile dieses Hufschuhs. Der Easyboot RX wird zur Zeit (Stand 2012) in neun Größen angeboten, von 98–110 Millimeter Hufbreite und 106–117 Millimeter Huflänge (Größe 00, Mini-Shetty) bis 176–192 Millimeter Hufbreite und 189–195 Millimeter Huflänge (Größe 7, Kaltblut). Generell fällt dieser Schuh eher etwas zu groß aus, sodass man im Zweifel bei einem Größen-Grenzbereich auf die kleinere Größe zurückgreifen sollte.

Seit Anfang 2011 ist der aus Norwegen stammende »Equine Fusion Joggingschuh« auf dem Markt. Das neue Hufschuhkonzept soll die »Biomechanik des Hufes bestmöglichst unterstützen«. Der Schuh ist leicht, weich und flexibel und passt sich fast allen Hufformen an. Dadurch eignet er sich auch für deformierte Rehehufe. Mit diesem Schuh würden sich auch »Pferde mit unregelmäßigen Hufformen wohlfühlen«, so das norwegische Unternehmen Equine Fusion. Ein von uns durchgeführter dreimonatiger Test an einer unter dem Equinen Cushing Syndrom leidenden Stute bestätigt die Angaben des Herstellers.

Der Equine Fusion Joggingschuh eignet sich aber auch für das Freizeit- und Wanderreiten, zum Schutz beim Transport und als Therapieschuh zur Nachsorge bei anderen Huferkrankungen oder Verletzungen (Infos: Homepage des Herstellers:

www.eqfu.no). Er hat zwar eher eine runde Form, passt sich ovalen oder verformten Hufen trotzdem sehr gut an, weil er über mehrere Verschlusssysteme verfügt: Je ein Riemen vorne und hinten mit stufenlosen Einstellungsmöglichkeiten sowie zwei seitliche und sehr variabel einstellbare Kreppverschlüsse ermöglichen ein enges Anliegen. Dadurch erhält der Huf einen festen Sitz, ohne dass der Schuh weder drückt noch reibt oder sich der Huf im Hufschuh dreht. Die weiche und flexible Sohle auf Kautschukbasis erweckte bei uns vor dem Test zunächst den Eindruck, als ob der Equine Fusion Joggingschuh auf Asphalt zu sehr abstoppen (nicht wie das barhufähnliche Gleiten bei Sohlen aus Polyurethan) und die Steine beim Laufen auf Schotter auf die sensible Hufsohle drücken könnten. Beides hat sich während der Testphase jedoch nicht bestätigt. Im Gegenteil: Die flexible und elastische Sohle des Equine Fusion Joggingschuhs »fängt« spitze Steine gleichsam auf, sodass sich der punktuelle Druck in der Schuhsohle verteilt und nicht auf die Hufsohle weitergegeben wird.

Maßgebend für die Größenermittlung ist die Huflänge von der Zehenspitze bis zum Ende des Strahls. Die Hufbreite darf den maximal angegebenen Wert aber nicht überschreiten. Den Equine Fusion Joggingschuh gibt es derzeit in sechs Größen, von 91–100 Millimeter Huflänge und 100 Millimeter Hufbreite (Größe 10) bis 141–150 Millimeter Huflänge und 150 Millimeter Hufbreite (Größe 15).

Seit einigen Jahren ist auf dem Markt der Hufschuh »Rehefix« der Firma Dallmer erhältlich. Er wurde zur orthopädischen Soforthilfe bei akuter Hufrehe entwickelt.

Der anschnallbare »Rehefix« besitzt eine angeschraubte, leicht gewölbte Keilplatte, die eine sofortige Trachtenerhöhung zur Folge hat. Die Wölbung an der Zehe erleichtert dem Pferd das Abrollen und die Belastung aus der Drehung beim Wenden der Hufe auf dem Boden. Im Prinzip keine schlechte Idee. Allerdings ist die Anhebung der Trachten mit ihren zusätzlichen Normal- beziehungsweise Druckkräften in Richtung schmerzhaftem Zehenbereich sowie die Behinderung der Durchblutung bereits mehrfach hinlänglich beschrieben worden. Wie vom Hersteller des »Rehefix« eingeräumt wurde, erreicht dieser Schuh zudem nicht den gewünschten Halt am Huf, wenn sich das Pferd auf Paddock- oder sonstigen Flächen bewegt, wie zum Beispiel geklebte Hufschuhe. Er wäre nur für »Boxenpferde« geeignet.

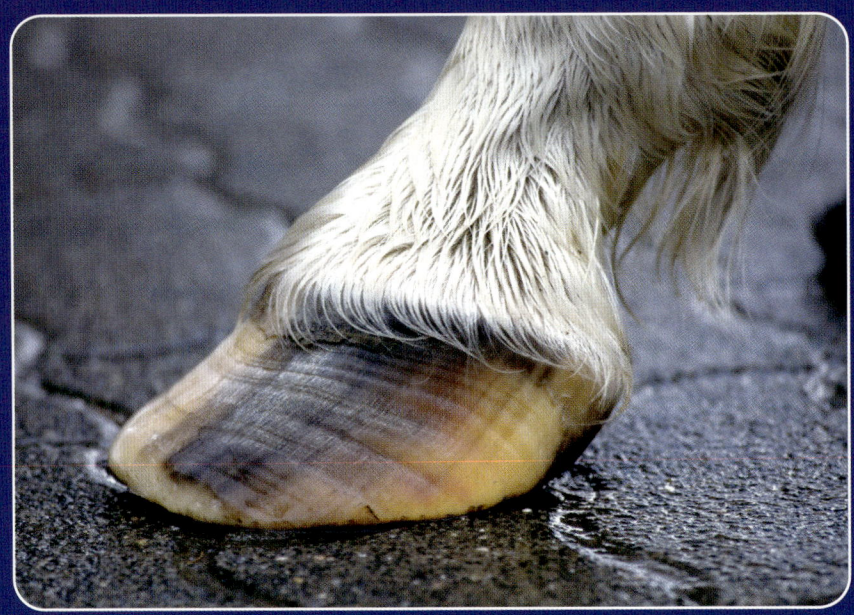

Erkenntnisse und Methoden aus Kanada, USA und Australien

Erkenntnisse und Methoden aus Kanada, USA und Australien

Einige Forschungsergebnisse und Therapiearten aus Übersee wurden bereits erwähnt: So die Erkenntnisse des australischen Wissenschaftlers *Longland*, der den Zuckerstoff Fruktan als Auslöser einer Futterrehe nachwies. Fruktan ist insbesondere in Weidelgras enthalten, und zwar in verschiedener Konzentration je nach Jahres- und Tages- beziehungsweise Nachtzeit und Wuchshöhe. Mehr hierzu können Sie im Abschnitt über die Vermeidung einer Futterrehe nachlesen.

Auch der australische Forscher *Professor Dr. Chris Pollitt* wurde im Rahmen der Rehehufbearbeitung schon zitiert. In seinem Videofilm »hoof study« der Universität Queensland wurde eindrucksvoll belegt, dass durch eine Höherstellung der Trachten die Digitalisarterien zwischen Strahlbein und Beugesehne abgeklemmt werden und dadurch die Blutzufuhr in die Huflederhaut vermindert wird. Diese Mangeldurchblutung hemmt zwar die Entzündung, soll jedoch eine Hufbeinsenkung beziehungsweise -rotation sowie eine mögliche Auflösung der Hufbeinspitze begünstigen.

Das Cushing-Syndrom

Pollitt war es auch, der erneut (*John E. Madigan, DVM* und *Dr. N. Dybdal* bereits 1987/1989) auf einen Zusammenhang zwischen gestörtem Glucosestoffwechsel und Hufreheerkrankungen hinwies. Dabei ist an das sogenannte *Cushing-Syndrom* zu denken. Symptome des Cushing-Syndroms sind unter anderem Fetteinlagerungen (meist am Bauch, Mähnenkamm und Kruppe), Muskelschwund, verzögerter Fellwechsel,

Diabetes mellitus (Zuckerkrankheit), Hufrehe und Hufabszesse. Auslöser ist ein überhöhter Cortisolspiegel, der entweder durch

1) außen zugeführtes Cortison oder

2) endogen (körpereigen) produziertes Cortisol

entsteht.

Die Ursachen für die übermäßige Cortisolproduktion können entweder Hirntumore (meist gutartig) oder vergrößerte Nebennierenrinden sein. Der Mechanismus erfolgt über eine sogenannte Insulinresistenz, das heißt der Glucosespiegel wird nicht abgesenkt.

Durch die Hyperglycämie (zuviel Zucker (= Glucose) im Blut) entsteht eine generalisierte Acidose (Übersäuerung) im Körper, mit den bereits im Abschnitt »Futterrehe« besprochenen Folgen.

Bei Pferden mit chronischer oder akuter Huflederhautentzündung, deren Ursache absolut nicht erkennbar ist, sollte man an das Cushing-Syndrom denken. John E. Madigan und N. Dybdal fanden heraus, dass bei solchen Pferden die Werte der Hormone der Pars intermedia der Hirnanhangdrüse (Hypophyse) im Blut erhöht sind.

Weil das Cushing-Syndrom vorwiegend bei älteren Pferden vorkommt, werden die Anfangssymptome häufig mit normalen Alterserscheinungen verwechselt und eine Hufrehe nicht als Folge dieses Syndroms erkannt. Viele ursächlich nicht erkannte Rehefälle sind nicht ausdiagnostizierte Fälle der Cushing-Krankheit und könnten mit einem Medikament namens »Pergolid Mesylat« (aktuell ab 2010 und nur für Pferde: »Prascend« von Boeringer), wie es auch beim Menschen mit Parkinson-Syndrom eingesetzt wird (international: Permax; Deutschland: Parkotil) erfolgreich behandelt werden. Nachgewiesen wurde diese These durch einen Feldversuch, bei dem 22 Rehepferde,

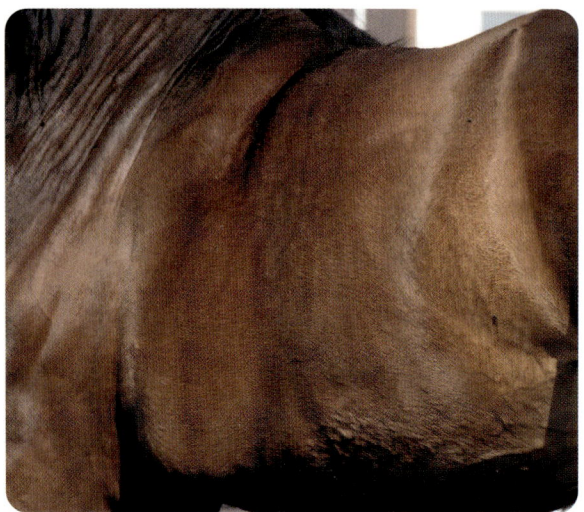

die nicht auf eine übliche medikamentöse Behandlung ansprachen, mit »Pergolid Mesylat« positiv therapiert werden konnten (Quelle: The Farrier Journal, 2001, S.51/52).

Das »Metabolische Syndrom«

Das bereits erwähnte Cushing-Syndrom und das Metabolische Syndrom beim Pferd ähneln sich stark in ihrem klinischen Erscheinungsbild. Vor allem Muskelschwund und Fetteinlagerungen sind die äußerlich erkennbaren Symptome beider Erkrankungen.

Fetteinlagerungen beim Pferd werden in erster Linie im Nackenbereich und in der Schulter- und Kruppenpartie vorgefunden. Vermeintlich scheint am Anfang das betroffene Tier eher in einem guten Futterzustand, bis sich dann allmählich herauskristallisiert, dass diese Fettdepots nur an bestimmten Stellen eingelagert werden und Teile der Muskulatur deutlich abnehmen.

Ursächlich für das Metabolische Syndrom ist eine Entgleisung des Zuckerstoffwechsels durch eine sogenannte Insulinresistenz.

Ausgeprägte Fettdepots an bestimmten Körperstellen können auf das Metabolische Syndrom hinweisen.

Zur Erinnerung:
Mit der Nahrungsaufnahme und deren Aufspaltung steigt der Blutzuckerspiegel und die Bauchspeicheldrüse antwortet mit einer Ausschüttung von Insulin. Das Insulin versorgt verschiedene Organe wie Muskeln, Leber und Fettgewebe mit Zucker zur Energielieferung. Gleichermaßen sinkt der Glukosespiegel im Blut: Also gilt: Blutzucker steigt –> Insulin steigt.

Im Krankheitsfalle des Metabolischen Syndroms sprechen die Insulinrezeptoren der entsprechenden Gewebe jedoch nicht mehr an, obwohl genug Insulin vorhanden wäre. Das bedeutet, dass der Blutzuckerspiegel erhöht bleibt – und das dauerhaft.

Bei beiden Syndromen wird beispielsweise die Muskulatur mit zu wenig Energie versorgt, kann also weder aufgebaut noch erhalten werden. Daher resultiert der Muskelschwund. Der Zucker wird zu Fett umgewandelt und die bereits in hohem Maße vorhandenen Fettdepots werden noch mehr erweitert. Der erhöhte Glukosespiegel kann zu einer Glukotoxizität führen, wodurch besonders Schäden in den Blutgefäßen der Hufe verursacht werden.

Auslöser des Metabolischen Syndroms ist nach Erkenntnissen bis zum heutigen Tag eine Überernährung, gekoppelt mit Bewegungsmangel. Diese beiden Faktoren bewirken eine Verfettung des Körpers mit Bildung von krankhaften und krankmachenden Fettdepots. Diese Fettdepots bewirken über spezielle Hormonbildung die bereits erwähnte Insulinresistenz der Insulinrezeptoren. Eine medikamentöse Therapie ist nach dem heutigen Wissensstand – im Gegensatz zum Cushing-Syndrom – nicht möglich.

Präparate zur Hufrehetherapie

Für die medikamentöse Hufrehebehandlung empfiehlt die amerikanische Tierärztin *Anna Bradley* die Verabreichung der Vitamine A, C und E, die die »freien Radikalen« besetzen. »Freie Radikale« sind Moleküle, die die Krankheit bedingten Gewebeschäden verstärken können. Auch Magnesiumpräparate sollen nach neuesten Erkenntnissen helfen, die Reheerkrankung zu überwinden. In einem Feldversuch konnten die akuten Symptome durch die Vergabe von Magnesium reduziert werden. Magnesium reduziert die Gefäßkrämpfe und verbessert damit die Durchblutung. Dabei soll das Verhältnis Magnesium zu Calcium 2:1 betragen.

Ferner benennt Bradley ein neues Medikament beziehungsweise Produkt namens »Founderguard«, das bereits erfolgreich zur Vorbeugung neuer Reheschübe eingesetzt wird. (Infos unter www.founderguard.uk.com)

Vier Phasen der Rehebehandlung

Der Kanadier *Sandy Loree* erfand ein neuartiges System für die Rehehufbehandlung, dessen Erfolg die Ansicht und Vorgehensweise der Autoren bestätigt.

Loree praktiziert seit 25 Jahren als Hufschmied in Olds, Alberta. Seine Überzeugung war schon immer, durch Entlasten der Hufwand, Rehe und Hornspalten zu behandeln. Er entwickelte das *5S Equine Sole Support System* (Internet: www. 5sequine.com). Loree ist bei Verletzungen der Huflederhaut (Lamella) beziehungsweise Hufrehe der Meinung, die Hufsohle durch Abnehmen der Trachtenwände vermehrt für die Belastung heranzuziehen. In seiner Veröffentlichung der Zeitschrift »The Farriers Journal«, No. 89 greift er vehement nicht nur die zur Zeit bestehenden und seiner Meinung sehr falschen Methoden bei der Hufbearbeitung rehekranker Hufe an, sondern auch die sich ständig wiederholenden, antiquierten Wissensstände in Fachzeitschriften, Pferdekliniken, veterinärmedizinischen Universitäten und Lehrschmieden.

Loree fasst in seinem Artikel die wirksame Behandlung der Rehe in vier Hauptphasen zusammen:
- Hufwand entlasten;
- Systemische Konditionen behandeln (Entgiftung, medizinische Behandlung und anderes);
- Physiologische Flüssigkeiten beseitigen und
- bis zur kompletten Regeneration die Hufwand entlasten.

Verlauf, Dauer und möglicher Rückfall einer Hufrehe

⬤ Verlauf, Dauer und möglicher Rückfall einer Hufrehe

Der Verlauf und die Dauer einer Hufrehe sind abhängig von:
- ⬤ Den Ursachen der Hufrehe und dem Grad ihrer Intensität.
- ⬤ Der raschen Durchführung von Sofortmaßnahmen bei akuter Hufrehe.
- ⬤ Den Haltungsbedingungen sowie äußeren Bedingungen.
- ⬤ Dem Umfang der therapeutischen Maßnahmen bei chronischer Hufrehe.

Die Erfahrung hat gezeigt, dass eine Geburtsrehe oder Belastungsrehe meist schwerwiegender verläuft als eine Futterrehe. Werden alle Sofortmaßnahmen ergriffen, die möglich sind, kann eine Hufrehe bereits nach kurzer Zeit und ohne Schäden zu hinterlassen erfolgreich therapiert werden. Sind Haltungsbedingungen (Offenstall) und äußere Bedingungen (Stressminimierung) optimal, kann auch eine chronische Hufrehe aussichtsreich überstanden werden.

In einigen Fällen war eine Hufrehe bereits nach einigen Tagen verschwunden. Andere Fälle dauerten bis zu drei Monaten mit guten Prognoseaussagen, die restlichen Fälle aber dauerten bis zu einem Jahr und länger. Bei diesen Pferden konnten immer wieder Rückfälle und sogenannte »Reheschübe« verzeichnet werden, die bei einem Teil der Rehepferde an Intensität verloren und von Mal zu Mal weniger Schmerzen verursachten, beim anderen Teil aber noch heftiger wurden. Diese zyklischen Anfälle sind jedoch nicht in jedem Fall auf wiederholte Rehe auslösende Faktoren zurückzuführen, sondern entstehen oft plötzlich »wie von selbst«, möglicherweise aufgrund der Gewebsveränderungen im Huf selber beziehungsweise durch die unterschiedlichen Schmerzauslöser im Verlauf einer Rehe. Lesen Sie hierzu auch den Abschnitt über Schmerzmechanismen im Kapitel Rehebehandlung.

Unterschieden werden muss hierbei auch zwischen den schubartigen Anfällen während einer Reheerkrankung und den erneuten Reheschüben nach überstandener Hufrehe. Ein schon einmal an Rehe erkranktes Pferd neigt dazu, erneute Reheanfälle zu bekommen. Deshalb bedarf es zeitlebens einer besonderen Fürsorge und Wachsamkeit. Dabei ist es unerheblich, welche Ursache(n) beim Erstauftreten der Krankheit vorlag(en). Denn vor allem durch das entstandene Narbenhorn und eine eventuelle Hufbeinsenkung beziehungsweise -rotation können alle bekannten Hufreheauslöser für einen wiederholten Krankheitsausbruch verantwortlich sein. Das bedeutet, dass alle Hufrehe auslösenden Faktoren bei der Vermeidung neuer Reheschübe berücksichtigt werden müssen!

Insbesondere bei immer wiederkehrenden Reheschüben, deren Ursache scheinbar nicht zu erklären ist, sollte man an Equines Metabolisches Syndrom (EMS) und/oder Equines Cushing Syndrom (ECS) denken und dies labordiagnostisch abklären lassen (ACTH-Wert).

links: Diese unter chronischer Hufrehe leidende Araberstute trabt schon wieder schwebend neben ihrem Fohlen.

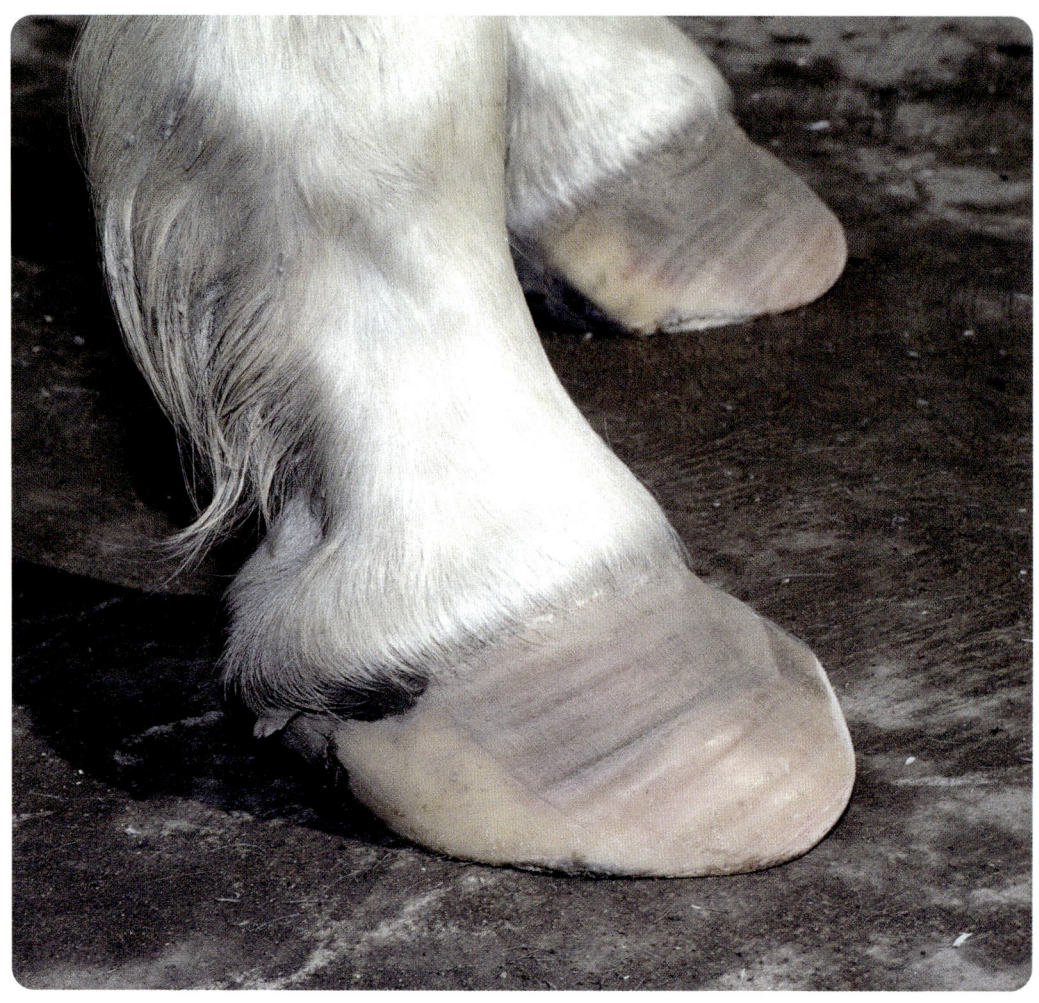

*Ein einigermaßen korrekt herausgewachsener Rehehuf einer
unter chronischer Hufrehe leidenden Stute.*

Hufrehe vermeiden

Hufrehe vermeiden

Die beste Prophylaxe ist die Vermeidung der Hufrehe mittels entsprechender Vorbeugemaßnahmen durch bedarfsgerechte Fütterung, richtiges Weidemanagement, kontinuierliche Bewegung, eine gewissenhafte Gesundheitsvorsorge (Hygienemaßnahmen, Impfungen u.a.), die (rechtzeitige) Behandlung von Lahmheiten sowie durch korrekte Hufbearbeitung und entsprechenden Hufschutz. Befolgt man diesen Maßnahmenkatalog, lässt sich Hufrehe in der Regel vermeiden beziehungsweise erneute Reheschübe verhindern.

Vermeidung einer Futterrehe

Zur Verhütung einer Futterrehe müssen folgende Punkte beachtet werden:

- Bedarfsgerechte Fütterung
- Vermeidung von Dickleibigkeit durch regelmäßige Bewegung
- Allmähliche Futterumstellung
- Gezieltes Weidemanagement.

Futterbedarf und Futterumstellung

Die Fütterung eines Pferdes muss prinzipiell im richtigen Verhältnis zu seiner zu erbringenden Leistung und seiner Futterverwertung stehen. Das heißt, man muss den individuellen Futterbedarf eines jeden Pferdes genau berechnen. Beim Hufrehe geschädigten Pferd dürfen Kraftfutter und Grünfutter beziehungsweise Grassilagen keine zu

hohen Konzentrationen von Kohlenhydraten wie Stärke und Zucker sowie Eiweiß aufweisen. Dennoch benötigt es eine bestimmte Futtergrundlage, wenn es Leistung erbringen soll. Es stellt sich also die Frage, ob die notwendige Menge von Kohlenhydraten (Brennstoffe) nicht auch durch andere Komponenten besetzt werden können.

Hierbei bietet sich der Energielieferant **Fett** an. Fette haben seit einiger Zeit aufgrund ihres hohen Energiegehaltes Einzug in die Pferdefütterung gehalten und jeder Futtermittelhersteller bietet inzwischen mindestens ein fettreiches Mischfutterprodukt an. Die Verfütterung fettreicher Produkte ist allerdings nur durchführbar, wenn sie vom Pferd gefressen und gut verdaut werden. Das trifft bei Mischfuttermitteln zu, die bis zu 15 Prozent Fettanteile haben. Solche Fette sind Sojaöl, Fischöl, Leinöl und andere. Der Energiegehalt von Futterfetten wird von keinem anderen Futtermittel auch nur annähernd erreicht (Futterfette enthalten die dreifache Menge verdaulicher Energie wie Getreidefuttermittel) und bietet sich nicht nur bei Pferden mit hohem Leistungsniveau an, sondern auch bei Rehepferden. Der hohe Energiegehalt erlaubt es, die Getreidestärke zumindest teilweise zu ersetzen und die stärkebedingten Verdauungsstörungen sowie deren Folgewirkungen vorzubeugen.

Unter natürlichen Bedingungen nehmen Pferde nur geringe Mengen von Fett auf. Allerdings ist die hohe Verfütterung von Getreide – und damit in

Tabelle: Durchschnittlicher Gehalt an verdaulicher Energie in Getreide und Pflanzenöl

Getreidesorten/ Pflanzenöl	Hafer	Gerste	Mais	Pflanzenöl
verdauliche Energie (MJ/kg)	11,50	12,80	13,60	36,10

Entgegen einiger Meinungen ist Wintergras im Hufrehegeschehen mit Vorsicht zu genießen.

erster Linie von Stärke – als notwendiger Ausgleich für hohe Leistungen eben auch nicht als »natürlich« anzusehen. Der Punkt ist der, dass ein Pferd nur unzureichend solche Enzyme besitzt, die die Verdauung vermehrt aufgenommener Stärke im Dünndarm (Amylase) gewährleistet und damit der problematische Prozess im Dickdarm in Gang gesetzt wird, der unter anderem eine Futterrehe auslöst. Diese Vorgänge entfallen beim Austauschen (teilweise) durch pflanzliche Fette als Energielieferant. Weiterer Vorteil: Futterfette enthalten kein Eiweiß, was allen mit Eiweiß-Überschuss belasteten Pferden zugute kommt.

Beim Ersetzen des Getreidefutters durch fetthaltiges Mischfutter muss jedoch für einen ausreichenden Rohfaserausgleich gesorgt werden, da Pflanzenöle keinerlei Rohfaser enthalten. Also sollte die Heu- und Futterstrohration entsprechend erhöht werden.

Zurzeit werden in dieser Hinsicht viele Untersuchungen vorgenommen und einige Ergebnisse weisen auch auf **Nachteile** durch zu hohe Mengen von Pflanzenfett hin. So wird zum Beispiel auf einen erhöhten Blutzuckerspiegel und fettbedingte Erhöhungen des Glykogengehaltes in der Muskulatur beim Pferd verwiesen. Glykogen stellt den Speicher für Traubenzucker (= Glucose) im Muskel dar, welches als Reserve bei sportlichen Aktivitäten eine Rolle spielt.

Weitere Vorteile beim Ersetzen von Getreidestärke durch Pflanzenöl zeigten sich auch durch das äußere Erscheinungsbild sowie durch Verhaltensänderungen. Die untersuchten Pferde wiesen insgesamt ruhigere Verhaltensmuster (weniger Schreckhaftigkeit) auf, feste und »gesunde« Pferdeäpfel sowie einen ausgeprägten Haar- und Fellglanz.

Als nachteilig erwiesen sich dagegen überhöhte Fettgaben, weil unverdaute Fettrückstände im

Interessante Zusammenhänge

Interessante Zusammenhänge zwischen Verfütterung von Pflanzenölen und Vorbeugung gegen Hufrehe zeigt eine Veröffentlichung des Albrecht-Daniel-Thaer-Institutes für Agrarwissenschaften e.V. an der veterinärmedizinischen Fakultät der Uni Leipzig (Dr. Annette Zeyner):
*»Ergebnisse zur **Beeinflussung des Immunstatus** durch die Gabe sogenannter Omega-3-Fettsäuren (aus Fisch- und Leinöl), wie sie von anderen Tierarten und vom Menschen bekannt sind, liegen für das Pferd erst in Ansätzen vor. Die Möglichkeit, Entzündungsprozesse innerhalb bestimmter Grenzen durch diese immunologisch potenten Fettsäuren zu regulieren, wurde trotz grundsätzlicher Zweifel prinzipiell auch für das Pferd an mehr oder weniger entzündungsfördernden Stoffwechselprodukten in Körperflüssigkeiten nachgewiesen. Ob und wenn ja mit welchem Erfolg ein solches »Runterregeln« von Entzündungsprozessen auch in der Fütterungspraxis Berücksichtigung finden kann, bleibt zu prüfen. Erste positive Tests zur Vorbeugung der Entstehung von Hufrehe liegen vor. Ein abschließendes Urteil sowie die Erarbeitung sicherer, praxisreifer Fütterungsempfehlungen stehen allerdings noch aus.«*

Dünndarm festgestellt wurden, die die Darmflora negativ beeinflussen. Weiterhin könnten sich im Darmkanal unlösliche Komplexe aus Kalzium- und Magnesium-Seifen bilden, was eine Unterversorgung von Kalzium und Magnesium nach sich ziehen kann.

Insgesamt gesehen muss beim Einsatz von Pflanzenfetten ein vernünftiger Mittelweg eingeschlagen werden. Diesbezügliche Untersuchungen ergaben, dass 400 Gramm Fett pro Tag an Warmblutpferden oder ein Mischfutter mit 15 Prozent Fett längerfristig ohne nachteilige Folgen sind.

Auch muss die Umstellung von vermehrt stärkehaltiger auf fetthaltige Kraftfuttermittel in kleinen Schritten erfolgen, wie auch grundsätzlich **jede Futterumstellung** allmählich und schrittweise durchgeführt werden muss. Da die meisten Rehepferde aber in der Regel keine Leistung erbringen

müssen und häufig ohnehin zu dick sind, sollte von einer fettreichen Fütterung abgesehen werden. Qualitätsvolles Heu von fruktanarmen Wiesen (± ein Kilogramm pro 100 Kilogramm Körpergewicht), ein Salzleckstein sowie eventuell ein ausgesuchtes Mineralfuttermittel genügen völlig, um das Pferd im Erhaltungszustand mit allen lebenswichtigen Nährstoffen zu versorgen.

Inzwischen gibt es auch zahlreiche zucker- und stärkereduzierte Strukturmüslis wie beispielsweise »Equigard« von St. Hippolyt, die sich gut für rehegefährdete Pferde und zur Reduktionsernährung bei Übergewicht eignen.

Weidemanagement
Eine weitere vorbeugende Maßnahme gegen Futterrehe ist ein gutes und gezieltes Weidemanagement. Dabei spielen folgende Faktoren eine entscheidende Rolle:

- die Wuchshöhe von Gräsern
- Auswahl von bestimmten Gras-
  und Kräuterarten bei der Ein- und Nachsaat
- Weidedüngung
- das Wachstum der Gräser
- Weideeinteilung / Parzellen / Fresszeiten

Die folgenden Vorschläge für ein gezieltes Weidemanagement beziehen sich ausschließlich auf das Rehegeschehen und besitzen daher keine Allgemeingültigkeit.

Wie bereits erwähnt, ist bei der Entstehung von Hufrehe der erhöhte Fruktangehalt verantwortlich. Aus diesem Grund müssen alle Faktoren ausgeschaltet werden, die einen übermäßigen Anteil von Fruktan in den Gräsern entstehen lässt. Fruktane kommen in bestimmten Gräsern (besonders Weidelgras) in bedeutenden Konzentrationen vor. Ausgerechnet ist aber das Deutsche Weidelgras Hauptbestandteil von intensiv bewirtschafteten Weiden und Heuwiesen.

Besonders hoch ist der Fruktananteil bei ersten Aufwüchsen im Frühjahr, niedriger Stickstoffdüngung und kühlen Nachttemperaturen mit intensiver Sonneneinstrahlung am Tag.

Ein weiterer negativer Nebeneffekt von beispielsweise zu stark abgegrasten Weiden ist die Ausbreitung des in Massen unerwünschten und lichthungrigen Weißklees. Klee speichert Zucker zwar kaum in Form von Fruktan, sondern mit Hilfe des Kohlenhydrats Stärke, die aber als Hufreheauslöser eine ähnlich große Rolle spielt und ebenfalls eine kritische Komponente darstellt, wenn sie im Übermaß aufgenommen wird. Außerdem enthält Klee neben Blausäure auch viel Eiweiß, das zwar entgegen landläufiger Meinung nicht direkt Hufrehe auslöst, aber einer stark überhöhten, über

Der teilweise Ersatz durch Pflanzenöl muss etappenweise erfolgen.

Equigard besitzt 80 Prozent weniger Stärke und Zucker als Hafer.

Lust oder Last?

den Bedarf hinausgehenden Aufnahme zu Verdauungsstörungen wie Durchfall und Kolik führen kann. Dadurch wird das ökologische Gleichgewicht der Darmflora gestört. Das ist insbesondere dann der Fall, wenn der Eiweißüberschuss plötzlich erfolgt oder zuvor ein deutlicher Eiweißmangel bestand.

Zudem muss überschüssiges Eiweiß, das nicht zum Aufbau und Erhalt von Organen, Muskeln, Fell und Hufhorn benötigt wird oder für den Energieaufwand (Arbeit/Bewegung, Wachstum, Laktat)

verbraucht wird, von der Leber in Harnstoff umgewandelt und über die Nieren ausgeschieden werden. Das führt zu einer ungewöhnlich starken Belastung des Stoffwechsels. Während gesunde Pferde ein kurzfristiges Überangebot an Eiweiß in der Regel unbeschadet verkraften, kann es bei chronischen Rehepferden oder solchen mit Leber- und Nierenleiden durchaus zu einer Krankheitsverschlimmerung kommen. Auch wenn also Eiweiß alleine keine Hufrehe auslöst, kann ein Zuviel das Entstehen einer Rehe begünstigen, wenn andere Risikofaktoren hinzukommen.

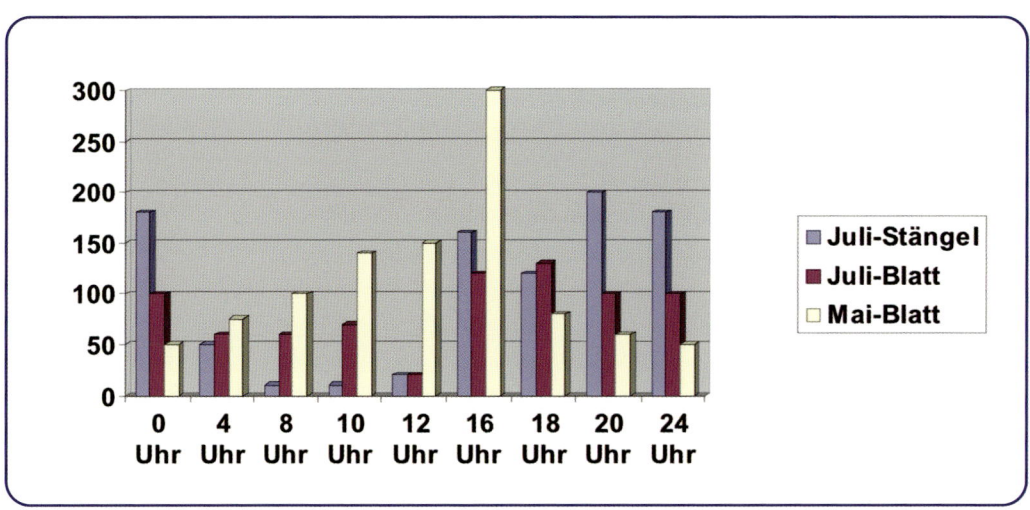

Fruktangehalte im Deutschen Weidelgras im Verlauf des Tages bei unterschiedlichen Witterungsbedingungen (Quelle: Longland et alterum).

Mai: sonnig, maximal 28 Grad Celsius; Juli: kühl, regnerisch, maximal 19 Grad. (Die Werte auf der senkrechten Achse sind Gramm pro Kilogramm Trockenmasse.)

Wie aus dem Diagramm oben zu entnehmen ist, besteht der höchste Fruktangehalt bei Weidelgras im Mai (Blatt) am Nachmittag, sowie im Juli am Abend (Stängel).

Aus den in der unten stehenden Tabelle aufgeführten Werten geht hervor, dass der erste und letzte Aufwuchs der Gräser die höchsten wasserlöslichen Kohlenhydrate beziehungsweise Fruktangehalte besitzt.

Verschiedene Gräsermischungen haben einen unterschiedlichen Gehalt an wasserlöslichen Kohlenhydraten (WLK).

Auf der folgenden Seite sehen Sie die Richtwerte für verschiedene Gräsermischungen (1. Aufwuchs; Versuchsfeld Dasselbruch, LWK Hannover, 2001):

Prozentualer Gehalt wasserlöslicher Kohlenhydrate (WLK) in der Trockenmasse verschiedener Grasarten und Grasaufwüchse (Versuchsfeld Dasselbruch, LWK Hannover, 2001)

	Wiesenlieschgras			Wiesenrispengras				Welsches Weidelgras					
Aufwuchs	1.	2.	3.	1.	2.	3.	4.	1.	2.	3.	4.	5.	6.
WLK % in Trockenmasse	14.6	7.0	9.2	18.9	8.2	7.3	3.6	21.5	13.6	14.9	12.0	5.0	12.8

Standardmischung G I für Grünland (hoher Anteil Wiesenschwingel)	8.80
Standardmischung G I für Grünland (hoher Anteil Wiesenschwingel und Wiesenfuchsschwanz (Straußgras)	8.30
Standardmischung G I für Grünland (hoher Anteil Wiesenschwingel und Wiesenfuchsschwanz (Straußgras)	7.50
Standardmischung G II für Grünland (50 Prozent Weidelgras)	12.70–14.20
Kleve-Kellen Mischung	8.50
Kräuter-Mischung	9-30

Tabelle 1: Gehalt an wasserlöslichen Kohlenhydraten (WLK) verschiedener Gräsermischungen (1. Aufwuchs; Versuchsfeld Dasselbruch, LWK Hannover, 2001)

Die höchsten Anteile wasserlöslicher Kohlenhydrate (WLK) beziehungsweise Fruktangehalte finden sich im ersten Aufwuchs der Standardmischung G II mit 50 Prozent Anteil Weidelgras (Tabelle 1). Interessant ist bei der Standardmischung G I der Rückgang von WLK- beziehungsweise Fruktangehalten, wenn viel Wiesenfuchsschwanz-/Wiesenschwingel-Samen zugemischt sind.

Bei Weidegrassilagen mit hohem Anwelkgrad (= Heulage) sind ebenfalls große Mengen an »Restzuckern« vorhanden, die zum großen Teil aus Fruktan bestehen. Fruktane sind wasserlösliche Kohlenhydrate, die sich als Energiespeicher in den Futtergräsern befinden (Zellsaft der Stängel). Die sogenannten wasserlöslichen Kohlenhydrate (WLK) bestehen bei den Futtergräsern zu etwa 50

Tabelle 2: Gehalte wasserlöslicher Kohlenhydrate (WLK) und Fruktane verschiedener Gräserarten (Weissbach/Borstel 2002)

Grasart/Aufwuchs	Wuchstyp	WLK %, in Trockenmasse (Zucker)	Fruktangehalt % in Trockenmasse
Deutsches Weidelgras	Untergras	15.5	11.6
Welsches Weidelgras	Obergras	19.0	14.2
Knaulgras	Obergras	9.5	7.1
Wiesenlieschgras	Obergras	7.5	5.6
Wiesenschwingel	Obergras	9.0	4.5
Wiesenrispe	Untergras	8.0	6.0
natürliches Grünland erster Aufwuchs	*	11.5	8.6
natürliches Grünland Folgeaufwüchse	*	9.0	6.8

Prozent aus Fruktanen, die andere Hälfte aus verschiedenen Ein- und Zweifachzuckern (zum Beispiel Traubenzucker). Je höher der WLK-Gehalt, umso größer ist auch der Anteil aus Fruktanen. Die Tabelle 2 gibt eine Übersicht der Anteile wasserlöslicher Kohlenhydrate (WLK) verschiedener Gräser: Aus der Tabelle 2 wird unter anderem sichtbar, dass die für Grassilagen hauptsächlich verwendeten Weidelgräser die beträchtlichsten Gehalte an WLK beziehungsweise Fruktan besitzen. Die auf Pferdeweiden weniger verbreiteten Gräser wie Knaulgras, Wiesenlieschgras, Wiesenschwingel und Wiesenrispe weisen geringere WLK-Anteile auf.

Die Tabelle 3 gibt Aufschluss über die WLK- beziehungsweise Fruktangehalte verschiedener Gräser in Bezug auf ihren Aufwuchs.

Zu empfehlen sind Saatmischungen ohne Weidelgras, wie zum Beispiel »Appels Pferdeweide« oder Knaulgras- und Wiesenfuchsschwanzmischungen, allerdings ohne Weißklee-Anteile, während die Standardmischung G II abzulehnen ist.

Der Fruktangehalt wird neben den verschiedenen Gräser-Mischungen aber auch durch die Art der Bewirtschaftung von Wiesen beziehungsweise Pferdeweiden beeinflusst, wie die Tabelle 4 auf Seite 138 zeigt.

Tabelle 3: Ansaatmischungen für Pferdeweiden

Standardmischung G I:
10 % Weidelgras, 47 % Wiesenschwingel, 43 % Wiesenlieschgras, Wiesenrispe und Rotschwingel

Standardmischung G II:
47 % Weidelgras, 20 % Wiesenschwingel, 33 % Wiesenlieschgras, Wiesenrispe und Rotschwingel

Knaulgrasmischung:
17 % Wiesenlieschgras, 10 % Wiesenrispe, 23 % Rotschwingel, 40 % Knaulgras, 10 % Weißklee

Wiesenfuchsschwanzmischung:
32 % Wiesenschwingel, 17 % Wiesenlieschgras, 11 % Wiesenrispe, 17 % Rotschwingel,
3 % Weißes Straußgras, 9 % Wiesenfuchsschwanz, 11 % Weißklee

Appels Pferdeweide ohne stark fruktanhaltige Gräser (nicht züchterisch verändert).
Bestehend aus 90 % Gräsern und 10 % Kräutern (Info: www.appelswilde.de):
Rotes Straußgras 7 %, Flechtstraußgras 5 %, Kammgras 17 %, Wiesenknaulgras 15 %,
Rotschwingel 20 %, Wiesenlieschgras 10 %, Einjährige Rispe 5 % und Wiesenrispe 11 % sowie
10 % Kräuter wie Schafgarbe, Wiesenkerbel, Kümmel, Wilde Möhre, Fenchel, Wiesenlabkraut,
Petersilie, Spitzwegerich

Klimatische Faktoren, Bewirtschaftung, Düngung	Wachstum der Gräser	Auswirkungen auf das Pferd
Frostiger und sonniger Morgen, Nachtfrost	Hohe Energieproduktion, erhebliche Speicherung von Fruktan, geringes Wachstum	Hohe Hufrehegefahr
Keine Sonne (bedeckter Himmel), kein Frost (> 6 Grad Celsius)	Geringe Energieproduktion, kaum Speicherung von Fruktan, normales Wachstum	Geringe Hufrehegefahr
Wärmere Temperaturen, bedeckt, ausreichende Feuchtigkeit	Geringe Energieproduktion, erhöhtes Wachstum, Abbau der Fruktanspeicher	Abnehmende Hufrehegefahr
Frisch gemähte beziehungsweise abgeweidete Flächen	Hauptspeicherung der Fruktane in den unteren Stängeln beziehungsweise Halmabschnitten (nicht Blätter)	Erhöhte Hufrehegefahr, verstärkter Fraß der unteren Halmabschnitte, Aufnahme erhöhter Fruktanmengen
Düngung mit Stickstoff	Vermehrt	Abnehmende Hufrehegefahr

Tabelle 4: Einfluss klimatischer Faktoren, Bewirtschaftung und Düngung auf die Hufrehegefahr

Zusammenfassend kann gesagt werden, dass bei einer Neueinsaat beziehungsweise Nachsaat von Pferdeweiden auf die Zusammensetzung des Mischgutes zu achten ist. Es sollte möglichst kein Weidelgras oder Weißklee enthalten sein. Bei bestehenden Weiden können besonders die Kleeartigen durch eine stickstofffreie Düngung unterdrückt sowie der Wuchs erwünschter Gräser gefördert werden, was den Anteil des Fruktans verringert. Die Stickstoffdüngung sollte möglichst auf die Vegetationszeit verteilt werden, beginnend im April zum Beispiel durch Kalkammonsalpeter (60 bis 120 Kilogramm pro Hektar), Anfang Juni und Anfang August je mit Chilesalpeter (25 Kilogramm pro Hektar). Im Herbst kann noch einmal Kalkstickstoff verbracht werden, um Schadpflanzen zu unterdrücken.

Eine alleinige Düngung mit Phosphor oder Kalium fördert das Wachstum der Kleeartigen und ist daher abzulehnen.

Saure Böden (alle drei bis vier Jahre Bodenproben ziehen!) können mit kalkhaltigem Stickstoffdün-

Ein Fressmaulkorb für die Weide sieht zwar merkwürdig aus, die meisten Pferde gewöhnen sich aber schnell daran. Das herunterhängende Ende der selbstgebastelten Verschnallung sollte jedoch befestigt werden.

ger im Herbst oder Frühwinter behandelt werden (10–15 Doppelzentner pro Hektar).

Zum Weidemanagement gehört ferner, dass insbesondere Rehe vorbelastete Pferde nicht unbegrenzt Zugang zum Frischgras haben dürfen. Das bedingt die Einschränkung der Fresszeiten auf wenige Stunden täglich. Auch muss die Weide in einzelne Parzellen unterteilt werden. Am besten steckt man mittels eines mobilen Elektrozauns kontrolliert die Weide ab und setzt diesen Zaun

<table>
<tr><td>

Wichtig:

*Bei Weidegang muss für einen
ausreichenden Rohfaseraus-
gleich durch Heu und Futter-
stroh gesorgt werden (vor
dem Weidegang geben!).*

</td></tr>
</table>

kontinuierlich weiter, wobei die abgegraste Fläche bis auf einen vernünftigen Streifen, auf dem sich die Pferde bewegen können, ebenfalls mittels E-Zaun abgetrennt wird, damit die Gräser wieder nachwachsen können.

Wo eine Separierung des Pferdes oder eine Einschränkung der Weidezeit nicht durchführbar ist, empfiehlt sich der Einsatz eines Pferdemaulkorbes als »Fressbremse«. Allerdings muss ein Fressmaulkorb exakt und individuell angepasst werden. Er muss so fest sitzen, dass er einerseits nicht auf die empfindliche Oberlippe drückt, andererseits aber nicht verrutschen oder gar abgestreift werden kann. Bewährt hat sich die Maulkorb-Halfter-Kombination »Greenguard«, die es in vier Größen im Fach- oder Online-Handel gibt.

Verhütung einer Geburtsrehe

Hygienemaßnahmen

Zu den Hygienemaßnahmen während einer Geburt gehören:

● Vor der Geburt den Schweif im Ansatzbereich bis zum Ende der Schweifrübe sauber einwickeln. Am besten eignen sich Bandagen (nicht zu fest!). Damit wird verhindert, dass die an den Schweifhaaren befindlichen Krankheitserreger nicht durch die Haare in den Scheiden-Vulvabereich gelangen.

● Der gesamte Vulvabereich ist ebenfalls mit sauberem und warmem Wasser zu reinigen.

● Die Box ist sorgfältig zu säubern, zu entmisten und mit sauberem, schimmelfreiem Stroh einzustreuen. Der Untergrund ist jedoch so zu gestalten, dass die Stute beim wiederholten Hinlegen und Aufstehen nicht ausrutscht (Unterschicht aus Sägespänen oder einer ähnlichen Einstreu).

Wichtige Überwachungsmaßnahmen im Hinblick auf die Nachgeburtsverhaltung

Die Fohlengeburt dauert von wenigen Minuten bis zu einer halben Stunde. Das Fohlen ist dann von allen Eihäuten befreit und die Nabelschnur gerissen. Anschließend wird die Nachgeburt durch die Nachwehen von der Gebärmutter aus der Stute befördert. Dieser Vorgang dauert circa 20–90 Minuten. Dabei befindet sich die Nachgeburt zwischen den Hinterbeinen der Stute.

Wichtig ist jedoch, dass sich die Nachgeburt ohne äußere Gewalteinwirkung, also von innen heraus, löst, damit keinerlei Gewebefetzen in der Gebärmutter verbleiben. Unter Umständen fühlt sich die Stute jedoch durch die pendelnde Nachgeburt gestört und versucht durch Abwehrbewegungen mit den Hinterbeinen diese abzutreten. Das muss verhindert werden. Man kann die Nachgeburt in diesem Fall hochbinden oder zur Not auch einknoten. Wichtig ist aber, dabei keinerlei Zug auszuwirken!

Die abgegangene Nachgeburt sollte zur Besichtigung durch einen Tierarzt aufbewahrt werden. Die Geburtsüberwachung ist also aus folgenden Gründen besonders für das Rehegeschehen wichtig:

● 1. Bestimmung der Zeit zwischen Geburt und Nachgeburtsabgang beziehungsweise Nichtabgang

Bei dieser unzweckmäßig ausgelegten Plazenta lassen sich nicht alle Teile eindeutig erkennen.

⬤ 2. Möglichst rasches Sicherstellen der abge-
gangenen Nachgeburt um deren Vollständigkeit zu erhalten. (Unruhige Stuten
können die Nachgeburt relativ leicht in der
Einstreu zertreten und somit wäre keine
Aussage über deren Vollständigkeit
möglich.)

⬤ 3. Das Aufbewahren der Nachgeburt sollte an
einem Ort geschehen, zu dem andere Tiere
wie Katzen oder Hunde keinen Zugriff
haben, um ein Annagen zu verhindern.

Der hinzugezogene Tierarzt wird die Nachgeburt
dann auf dem Boden oder an einem anderen
geeigneten Platz ausbreiten und auf ihre Vollständigkeit überprüfen. Besonderes Augenmerk richtet
sich dabei auf die Enden der Eihüllen.

**Abläufe der Nachgeburtsverhaltung,
beziehungsweise dem unvollständigen
Abgehen der Nachgeburt im Hinblick auf
das Rehegeschehen**

Während der Geburt weiten sich naturgemäß die
Geburtswege und öffnen sich nach außen. Damit
können sich Außenkeime leichter Zugang verschaffen, als es sonst möglich ist. Das Gewebe der
Eihüllen ist leicht zersetzbar und mit allen
Nährstoffen – die Bakterien benötigen reichlich –
ausgestattet. Verbleiben also Teile der Nachgeburt
in der Gebärmutter mit einem idealen Milieu für
Infektionen, kommt es rasch zu eitrigen Entzündungen. Da die Gebärmutter zu diesem Zeitpunkt
noch mit einer ausgesprochen guten Blutversorgung versehen ist, werden die Keime, beziehungsweise deren Endotoxine, schnell in den Organis-

mus der Stute geschleust und es kommt zu den bereits erwähnten Mechanismen und der Hufrehe.

Hinweise auf eine Nachgeburtsverhaltung und was zu tun ist

Sollte der hinzugezogene Tierarzt Bedenken hinsichtlich der Vollständigkeit der Nachgeburt äußern, muss in jedem Fall für mindestens drei Tage eine Temperaturkontrolle der Stute erfolgen. Die Körpertemperatur sollte dabei 38,0–38,2 Grad Celsius nicht übersteigen. Sobald eine Erhöhung festgestellt werden sollte, muss sofort ein Tierarzt

Beachte:

Erst nach ein bis zwei Tagen werden Symptome der Störung sichtbar, dann ist das Infektionsgeschehen jedoch leider schon im vollen Gang und äußerst besorgniserregend.

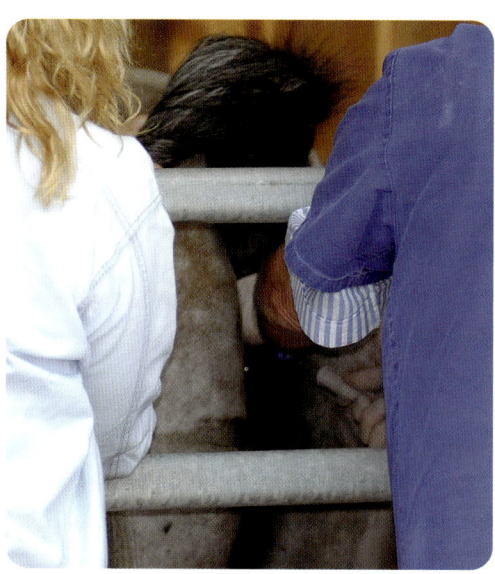

zugezogen werden, damit durch Spülungen eine Reinigung der Gebärmutter erfolgt. Zusätzlich kann und sollte auch meist antibiotische Abdeckung über Injektionen erfolgen.

Weiterhin muss die Stute nach der Geburt für einige Tage überwacht werden, um zu kontrollieren, ob sich Ausfluss aus der Gebärmutter zeigt. Sollte das der Fall sein, muss in jeden Fall ein Tierarzt zur Kontrolle hinzugezogen werden.

Vermeidung einer Belastungsrehe

Wie bereits im Kapitel Hufrehearten beschrieben, kann eine Hufrehe auch durch traumatische Vorgänge ausgelöst werden, wie zum Beispiel durch mechanische Beanspruchungen, durch langes Laufen auf hartem Boden, durch ständiges Stehen oder infolge einer starken Lahmheit einer Gliedmaße.

Generell gilt nicht nur im Hufrehegeschehen:

- Überlastung von Pferden vermeiden.
- Behandeln von Lahmheiten an anderen Gliedmaßen, gegebenenfalls Schmerzmittel geben und darauf achten, dass das Pferd die Vorderhufe nicht übermäßig belastet (gegebenenfalls Vorderbeine bandagieren).
- Pferde nicht zu lange an einer Stelle stehen lassen (z.B. beim Transport).
- Pferde mit Eisenbeschlag nicht übermäßig auf harten Böden bewegen.
- Korrekte Barhufbearbeitung.
- Paddock- und Boxenböden sollten elastisch und weich sein.

Darüber hinaus gibt es inzwischen eine ganze Reihe moderner Hufschutz-Vorrichtungen, die die

Spülung der Gebärmutter durch den Tierarzt.

Beinverletzungen sollte man in Hinsicht auf eine mögliche Belastungsrehe schnell und umfassend behandeln.

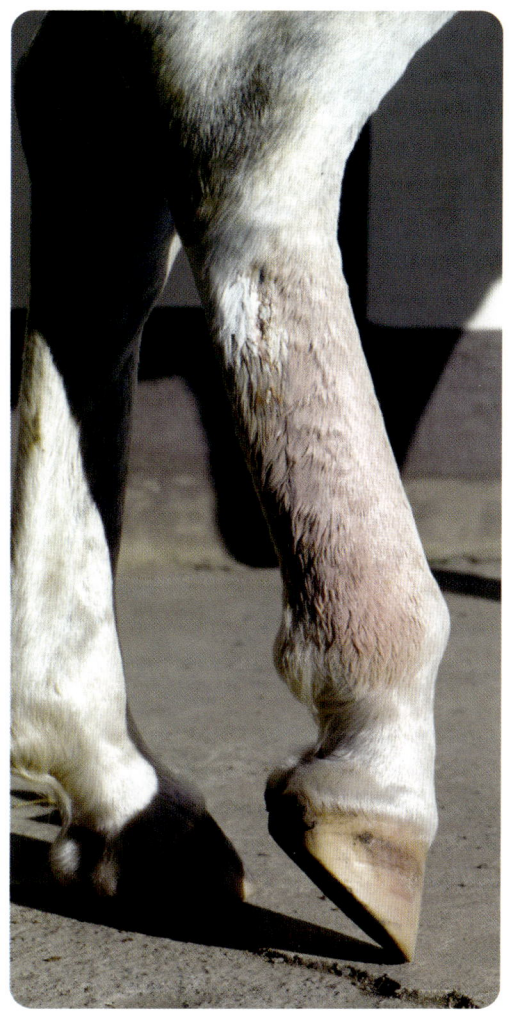

Hufe durch ihre dämpfungswirkenden Materialien aus Kunststoff vor traumatischen Einflüssen schützen, wie zum Beispiel Kunststoffbeschläge, klebbare oder anschnallbare Hufschuhe.

Dämpfungswirkung von Hufschuhen und Kunststoffbeschlägen

Allgemein versteht man unter Dämpfungswirkung die Minderung des Schlaggewichtes beim Aufeinandertreffen zweier Körper aufgrund plastischer und elastischer Verformungen. Beim Auffußen des Hufes auf den Boden sind dies:

- Elastische Verformungen im Huf infolge eines voll funktionierenden Hufmechanismus.
- Elastische und plastische Verformungen des Untergrundes beziehungsweise der Bodenfläche (z.B. Grasboden, Sandboden).
- Die elastische Verformung der Hufschuhsohle beim Tragen von Hufschuhen beziehungsweise des Kunststoffbeschlages.

Der ungünstigste Fall hinsichtlich der Schlagwirkung ist das Auftreffen des beschlagenen Hufes auf Asphalt (höchste Schlagwirkung). Untersuchungen mit dem sogenannten »Rückprallhammer« (Gerät aus dem Bauwesen: Der Rückprallhammer misst die elastische Verformbarkeit von Prüfkörpern) haben eine im Mittel dreifache Dämpfungswirkung bei der Verwendung von Hufschuhen und Kunststoffbeschlägen auf hartem Untergrund ergeben. Eine entsprechende Minderung der weiterleitenden Stöße beziehungs-

weise Kräfte auf Huf-, Kron- und Vorderfußwurzelgelenke beziehungsweise Sprunggelenke sowie die Beanspruchungen an Sehnen und Muskeln muss somit angenommen werden.

Wie bereits im Abschnitt »Sofortmaßnahmen« kurz beschrieben, können Hufschuhe im akuten Hufrehegeschehen sowohl in der Rekonvaleszenz

Beim Dämpfungstest mit dem Rückprallhammer konnte bei »Hufeisen auf Asphalt« (linkes Foto) im Mittel eine dreifache Schlagwirkung gegenüber der bei »Hufschuh auf hartem Untergrund« (rechtes Foto) nachgewiesen werden.

bei leichter Bewegung wie auch für medizinische Anwendungen verwendet werden.

Als Vorbeugemaßnahme und besonders nach einer erfolgreich überstandenen Hufrehe eignen sich sowohl der temporäre Schutz durch anschnallbare Hufschuhe wie auch der dauerhafte Schutz durch geklebte Hufschuhe oder genagelte Kunststoffbeschläge. Es gibt mehrere Hufschuh-Hersteller und unterschiedliche Größen von sieben Zentimeter Hufbreite (Ponys) bis 16 Zentimeter (Großpferde). Inzwischen haben sich auch Halt und Sitz von Hufschuhen sowie ihre Handhabung verbessert beziehungsweise vereinfacht. Die höchste Dämpfungswirkung besitzen der Schweizer Hufschuh »Swiss-Horse-Boot« sowie der »Marquis-Supergrip«, beide über den Fachhandel erhältlich.

*Kunststoffbeschlag mit sechs dünnen Nägeln, vor der breitesten Stelle aufgenagelt,
um den Hufmechanismus nicht einzuschränken.*

Auch die klebbaren Hufschuhe sind Dank immer besser werdender Kleber auf Mehrkomponentenbasis weiterentwickelt worden und halten jetzt ohne Probleme mindestens ein »Beschlagsintervall« lang.

Eine sehr breite Palette gibt es inzwischen bei den Kunststoffbeschlägen. Ihr Halt und Verschleiß sind im Lauf der Jahre ebenfalls ständig weiter verbessert worden. Auch die Zahl der Huf-Fachleute, die das Aufbringen beherrschen, hat durch die inzwischen zahlreichen Huf-Schulen und Huf-Akademien ständig zugenommen, so dass mittlerweile überall ein solcher Fachmann ansässig ist. Die Vorteile der Kunststoffbeschläge gegenüber den konventionellen Eisenbeschlägen bestehen in ihrer dämpfenden Wirkung beim Laufen auf harten Böden sowie in dem weitgehend erhalten bleibenden Hufmechanismus aufgrund des flexiblen Materials und der kleinen Nägel, die beim Kunststoffbeschlag verwendet werden.

Verhütung von Vergiftungs- und Medikamentenrehe

Zur Verhütung einer Vergiftungsrehe müssen alle eventuell in Verdacht stehenden Auslöser im Stall, auf dem Paddock und den Weiden entfernt werden. Solche können Pilzgifte, Giftpflanzen aber auch Pestizide (Fungizide, Herbizide und Insektizide) sein.

Auch besteht ein Zusammenhang von Hufrehe und Medikamenten bei Langzeit-Cortisonen, besonders durch Überdosierungen.

Inzwischen ist man sich einig, dass Cortison im letzten Abschnitt einer Trächtigkeit, bei Knochenschwund (Osteoporose), Zuckerkrankheiten (Diabetes) sowie ECS nicht mehr verabreicht werden darf. Darüber hinaus aber dürfen auch keine

Cortisonpräparate bei Hufrehe angewendet werden, auch wenn einige Hersteller das ausdrücklich in den Beipackzetteln empfehlen. So ist es vorgekommen, dass Pferdebesitzer zwei Tierärzte hintereinander für ihr Pferd hinzuzogen, die beide Cortison gespritzt haben, was eine Überdosierung zum Beispiel des Glukokortikoides Triamcinolon zur Folge hatte und diese Pferde Hufrehe bekamen. Der amerikanische Pharmakologe Michael Ball fand heraus, dass bei einzelnen Pferden schon ein schwaches Kortikosteroid Hufrehe begünstigen kann. Allerdings haben Studien gezeigt, dass man mit vernünftigen therapeutischen Dosierungen praktisch keine Rehe auslösen kann.

Hat man sein Pferd in einem Stall stehen und ist einige Zeit nicht da (zum Beispiel im Urlaub), sollte man seinem Vertreter sowie dem Tierarzt rechtzeitig Bescheid geben, im Notfall vorsichtig mit Cortison-Verabreichungen umzugehen. Auch

Prozentualer Anteil der Pferderassen bei Hufrehe.

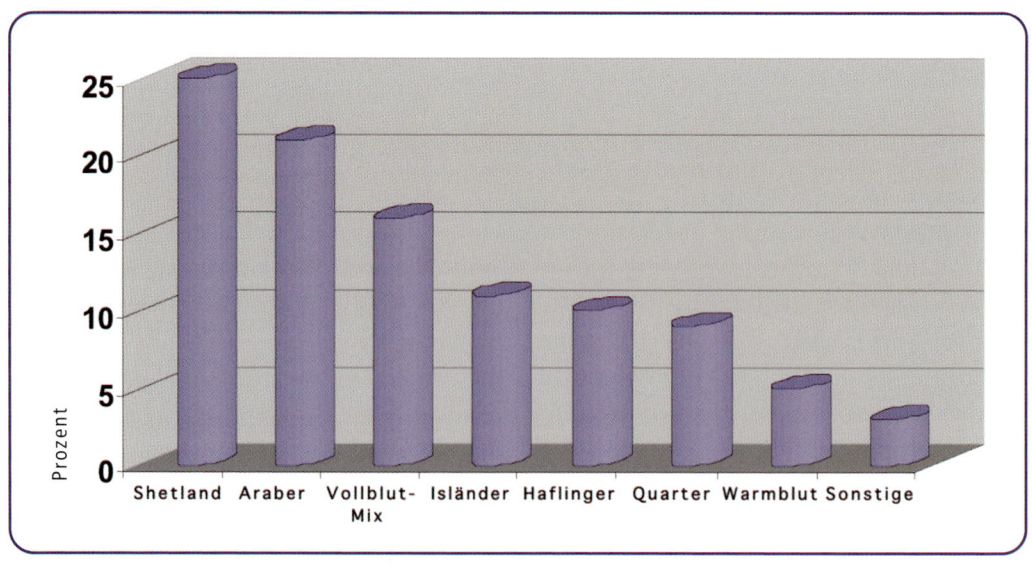

ein Hinweis auf dem Stallschild und eine Eintragung in den Pferdepass sind hilfreich.

Statistik Hufrehe gefährdeter Pferde

Eine eindeutige Zuordnung von Risiko-Gruppen bei Hufrehe gibt es nicht. Allerdings weisen Erfahrungswerte aus langjähriger Praxis im Hufrehegeschehen darauf hin, dass besonders leichtfuttrige Pferdetypen wie Ponys, Araber und Nordpferde betroffen sind.

In der Grafik ist eine Typenanalyse Hufrehe gefährdeter Rassen von etwa 100 an Hufrehe erkrankter Pferde dargestellt.

Hierbei stellten Shetland-Ponys den größten Anteil (25 Prozent) dar, gefolgt von Arabern (21 Prozent) und Arabermix (16 Prozent). Isländer und Haflinger waren im Mittelfeld (10 bis 11 Prozent). Quarter-Horse mit 9 Prozent, Warmblut und Sonstige bilden das Schlusslicht (3 bis 5 Prozent).

Seitenansicht des Kunststoffbeschlages von Seite 145.

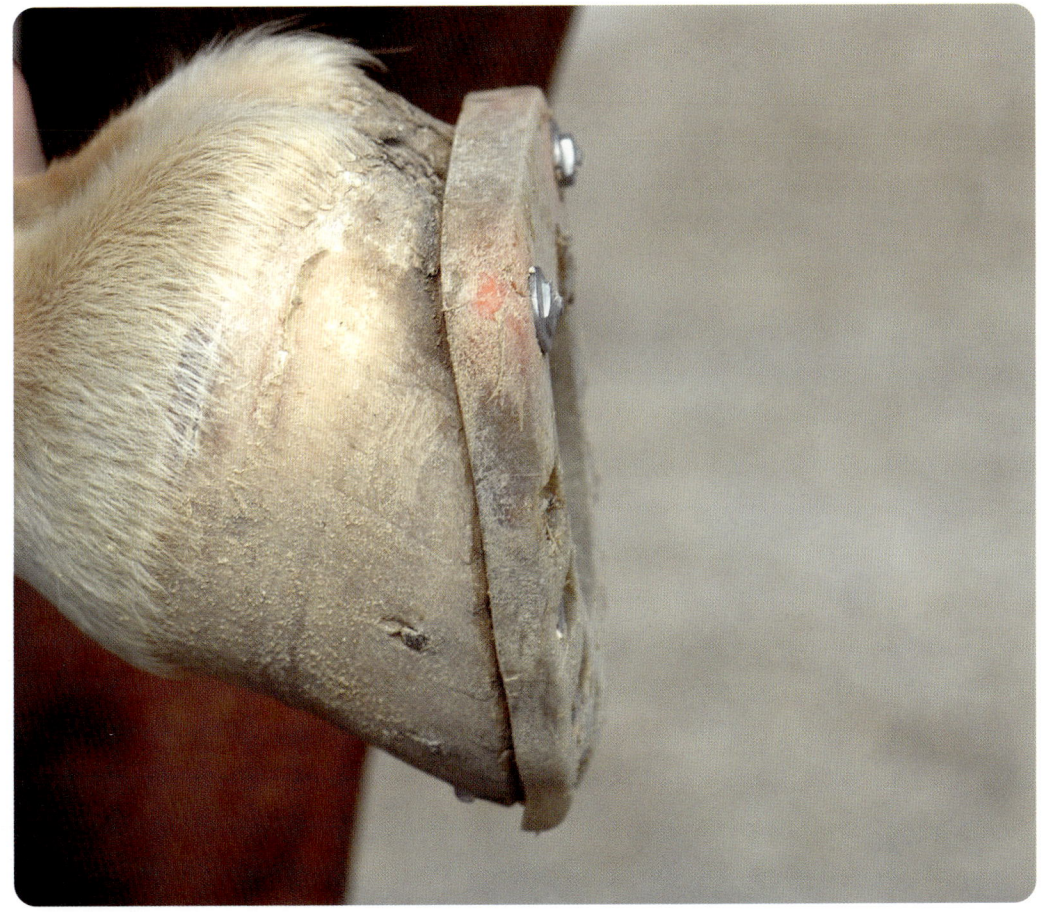

Heilungschancen,
Kosten, Tierschutz
und die psychische
Belastung der
Pferdebesitzer

⬤ Heilungschancen, Kosten, Tierschutz und die psychische Belastung der Pferdebesitzer

Die Chance auf Heilung

Bis auf die wenigen akuten Hufrehefälle, die – bedingt durch alle möglichen Soforthilfemaßnahmen – bereits innerhalb kürzester Zeit therapiert werden können, sind bei allen anderen und chronischen Rehefällen (Kategorie II bis IV) mehrere Sachlagen zu bedenken, die die Chance auf eine wirkliche Heilung eingrenzen. Im Verlauf einer Hufrehe müssen der/die Pferdebesitzer die Situation und den Zustand des Pferdes regelmäßig in zeitlichen Abständen kritisch reflektieren.

Im ständigen »Auf und Ab« eines Hufreheverlaufes kann sich bei den Pferdebesitzern eine Art »Tunnelblick« einstellen, der nicht selten eine realistische Einschätzung der Situation vernebelt. Letztlich aber sind der Tierarzt und der Hufschmied die entscheidenden Ratgeber, wobei aber zu berücksichtigen ist, dass diese immer nur kurz das betroffene Pferd behandeln beziehungsweise bearbeiten und somit auch keine Gesamtübersicht besitzen können. Außerdem kann man im Interesse seines Pferdes in entscheidenden Situationen durchaus einen zweiten Tierarzt beziehungsweise Huffachmann zu Rate ziehen, die einem in dieser Frage weiterhelfen. Auch stoßen im längeren Verlauf einer Hufrehe die Besitzer nicht selten auf »Leidensgenossen«, die sich ebenfalls mit der Erkrankung konfrontiert sehen oder sahen. Aus diesen Kontakten ergeben sich nicht nur neue Eindrücke und Erkenntnisse, sondern auch wichtige Infos über Tierärzte, Kliniken und Hufschmiede, die viel Erfahrung mit Hufrehe zu verzeichnen haben und enorm weiterhelfen können.

Vorsicht sollte man hingegen bei angeblichen »Spezialisten« walten lassen, die sich selbst so nennen, hundertprozentige Erfolgsaussichten garantieren und regelmäßig in verschiedenen Pferdefachzeitschriften inserieren. Dies ist kein Strohhalm, an den man sich klammern kann!

Ebenfalls außerordentlich verwirrend sind die unzähligen Meinungen und Ratschläge, die inzwischen auf vielen Internet-Foren zum Thema Hufrehe herumgeistern und die betroffene Pferdebesitzer mehr verunsichern als weiterhelfen.

Bei der Beurteilung hinsichtlich eines möglichen Therapieerfolgs oder auch Misserfolgs sollte man sich lieber auf konkrete, sicht- und messbare Zeichen verlassen:

- ⬤ Wie entwickeln sich das Schmerzgeschehen sowie das äußere und innere Erscheinungsbild des Rehepferdes?
- ⬤ Wie stark und wie häufig treten die »Reheschübe« auf?
- ⬤ Wie entwickelt sich das Huf- und Narbenhorn des Pferdes?
- ⬤ Bei scheinbar ausgeheilter Rehe muss auch das Gangvermögen des Pferdes ins Auge gefasst werden: Wie war das Gangvermögen (besonders im Trab) vorher? Raumgreifend und schwebend? Ist der Trab jetzt kurz und abgehackt?
- ⬤ Wie ist die Belastbarkeit des geheilten Rehepferdes hinsichtlich Leistungssport oder Freizeitreiten einzuordnen?

Alle diese Fragen sollte man sich in regelmäßigen Abständen stellen, um die Chance auf eine wirkliche Genesung abzuklären.

Chronischer Rehehuf eines Ponys: Die Schäden der Rehe sind weitgehend herausgewachsen.

dass auch schwere Hufrehefälle geheilt werden können, wie einige auch in diesem Buch vorgestellte Fallbeispiele beweisen.

Ein weiterer Indikator für einen chancenreichen Heilungserfolg ist das herauswachsende Narbenhorn im Bereich der weißen Linie. Narbenhorn ersetzt die zerrissene Huflederhaut. Wenn die zerstörte und oftmals übel riechende Huflederhaut nach und nach beim Abraspeln der Zehe (= frei schwebende Zehe) geringer wird und schließlich verschwindet, ist die Hufrehe zunächst einmal überstanden und das Hufbein nahezu wieder an seinem Platz.

Wurde eine Hufrehe erfolgreich ausgeheilt, müssen alle genannten Vorbeugemaßnahmen eingehalten werden. Nur so lässt sich ein langer Heilungsverlauf erfolgreich erzielen, ohne dass er am Ende zu einem Misserfolg wird.

Entgegen anderslautenden Meinungen kann nach einer Hufbeinsenkung beziehungsweise -rotation durch richtige Hufbearbeitung das Hufbein durchaus wieder seine (fast) ursprüngliche Lage einnehmen. Eine Veröffentlichung nennt sogar konkrete Zahlen bei der Veränderung des Winkels zwischen Hufbein und Hufaußenwand. So seien bei Hufbeinrotationen bis 6° gute Aussichten, bei 6° bis 12° mittlere und bei über 12° schlechte Aussichten auf einen Heilungserfolg gegeben. Dieser Einschätzung muss entgegen gehalten werden,

Kosten

Um es vorweg zu nehmen: Die Therapie einer chronischen Hufrehe verursacht erhebliche Kosten. Hierbei sind insbesondere die Tierarztkosten und die Kosten für die Hufbearbeitung zu nennen, da die Bearbeitung der Hufe in kürzeren Intervallen erfolgen muss als bei einem gesunden Huf. Je länger eine Hufrehe therapiert werden muss, umso höher sind dann auch die Folgekosten bei chronischer Hufrehe. Weitere Kosten ergeben sich oft durch die Umstellung des Hufschutzes, die

Gestaltung des Umfeldes, der Gewohnheiten sowie der Fütterung. Eingespart werden können Kosten durch vermehrte Eigeninitiative.

Tierschutz

Die im Deutschen Bundestag vertretenen politischen Parteien haben sich vor etwa zehn Jahren einstimmig zu einer Aufnahme des Tierschutzes in das Grundgesetz durchgerungen. Was in vielen Ländern Europas schon seit langem Bestand hat, gilt jetzt auch in Deutschland. Kernpunkt der Gesetzesänderung war, dass das Tier keine Sache mehr ist, über die jeder Mensch mehr oder weniger frei entscheiden kann, sondern dass es jetzt als fühlendes Lebewesen über wesentlich mehr »Rechte« verfügt. Alles in allem eine begrüßenswerte Entwicklung. Gleichzeitig nahmen, wie aus einer Studie des Bundesministeriums für Verbraucherschutz zu entnehmen ist, die Anzeigen wegen Tierquälerei um fast das Vierfache zu, was ebenfalls sehr positiv ist. Diese Entwicklung hat aber auch eine Kehrseite. So ist eine Reihe von Fällen bekannt, in denen auch Pferdebesitzer von Rehepferden wegen Tierquälerei angezeigt wurden, meist von anderen Pferdeeinstellern, einmal sogar vom Stallbetreiber. Um es kurz zu machen: In allen Fällen wurden die Anzeigen als haltlos eingestuft, allerdings nur durch den Einsatz der behandelnden Tierärzte und Hufschmiede beziehungsweise Hufpraktiker bei den zuständigen Amtstierärzten.

Oftmals weichen die Einstellungen und Ansichten anderer Pferdebesitzer von einer realistischen Einschätzung der Lage in erheblichem Maße ab. Insgesamt bleibt bei solchen Geschehnissen ein bitterer Nachgeschmack bei den betroffenen Pferdebesitzern zurück.

Die psychische Belastung der Pferdebesitzer

Abschließend möchten wir noch einige Worte an die Besitzer von Rehepferden richten. Ohne Zweifel schlagen die Leiden des Rehepferdes einem feinfühligen Pferdebesitzer auf Dauer erheblich auf die Psyche. Er beziehungsweise sie stehen ständig unter Druck, es können sich sogar Depressionen entwickeln, andere wichtige Dinge werden vernachlässigt. Ohne aufmunternden Zuspruch von außen ist das alles kaum auszuhalten.

Wichtig ist, die inneren Kräfte in dieser Phase zu sammeln und zu kanalisieren, damit durchgehalten werden kann. In Partnerbeziehungen ist es sehr wichtig, ständig miteinander zu sprechen, die Gedanken auszutauschen, sich gegenseitig aufzurichten. Gegenseitige Vorwürfe sind in der Regel nicht nur unbegründet, sondern auch sinnlos, weil sie dem Pferd nicht helfen. Entstehende Aggressionen müssen ausgelebt und nicht totgeschwiegen beziehungsweise »in sich hineingefressen« werden. Nur so kann diese Belastung auf Dauer in erträglichem Maß gehalten werden.

Die »letzte Entscheidung«

Haben sich Pferdebesitzer, Tierarzt und Huffachmann schweren Herzens ob der Chancenlosigkeit eines Rehepferdes zur »letzten Entscheidung« durchgerungen, spielen wiederum realistische Überlegungen über das Wie und Wo die entscheidende Rolle. Es kann hierzu keine Empfehlung gegeben werden. Jeder Pferdebesitzer muss das mit sich selbst ausmachen.

Eine zwar ältere, aber dennoch aktuelle und sehr einfühlsame Beschreibung für den »richtigen Zeitpunkt« äußerte Lothar Meinen in einem Leserbrief der Zeitschrift »Freizeit im Sattel«, S. 153.

Verantwortung (von Lothar Meinen)

»Die Verantwortung, den richtigen Zeitpunkt für den Tod seines Pferdes zu bestimmen, ist sehr groß. Wichtig für unsere Entscheidung muss sein, dass das Tier im Mittelpunkt steht (weil es das Wesen ist, das geht) und nicht der Mensch. Es ist schwer, loszulassen, doch wir haben die Pflicht, unser Pferd in Liebe gehen zu lassen, darauf hat es ein Recht.

Ein Tier hat keine Angst vor dem Tod; vielmehr erschweren wir Menschen es ihm, gehen zu können. Ein Tier lässt es einen sehen, wenn sein Zeitpunkt da ist: Der Blick seiner Augen verändert sich, geht »in die Ferne«, dann ist das Tier innerlich bereit, zu gehen.

Ich würde immer (und habe es auch schon getan) die Euthanasie durch den Tierarzt wählen und das Tier an dem Ort einschlafen lassen, wo es gelebt hat. Wer mit seinem Tier (so) lange zusammengelebt hat, ist verpflichtet, mit Aufrichtigkeit, Liebe und Respekt bis zur letzten Sekunde bei ihm zu bleiben, ihm in Gedanken oder mit Worten und Gesten nah zu sein, ihm seine Würde zu lassen – alles andere wäre Verrat an seiner Seele. Diese Erfahrung bedeutet für uns Menschen auch ein Bewusstseinswachstum.

Ein Tier, in diesem Falle ein Pferd, fühlt alles, kann unsere Gedanken lesen. Es ist immer deutlich und klar und mit dieser Deutlichkeit und Klarheit sollten auch wir ihm begegnen, denn ein Tier fühlt es doch! Als Mensch ist man nackt vor ihm, kann nichts verbergen oder beschönigen. Genau diese Sensibilität wird jedem Pferd zugesprochen, wenn es gesund ist – zu Recht. Ist es aber krank oder alt und der Zeitpunkt kommt, es töten lassen zu müssen, sprechen wir ihm diese Eigenschaft ab. Aber ein Pferd spürt (»riecht«) immer den Tod und weiß darum. Man kann nicht sagen »er war ruhig und gelassen, hat nichts gemerkt« – wie ignorant sind die Menschen eigentlich? Pferde sind hochstehende Wesen. Sie können sich – mit gigantischer Märtyrerschaft – einer Situation hingeben, was jedoch nicht bedeutet, dass sie nicht exakt wissen, was passiert – etwa im Schlachthof.

Meine Erfahrung: Viele Pferdebesitzer wissen noch viel zu wenig vom Innenleben ihres Tieres. Pferde haben uns mehr zu sagen, als wir denken.«

links: Diese Araberstute, die den Ausschlag für dieses Buch gab, wurde 2007 im Alter von 19 Jahren nach einem erneuten heftigen Reheschub eingeschläfert.
Sie bekam im Winter 2000 Hufrehe (Medikamentenrehe). Zwischen 2000 und 2006 hatte sie mehrere Reheschübe, die trotz aller Vorsichtsmaßnahmen entstanden, aber meist glimpflich abliefen und jeweils circa zwei bis drei Monate zur Unbrauchbarkeit führten. Dazwischen wurde diese Stute – immerhin sieben Jahre lang – regelmäßig freizeitmäßig mit Hufschutz (Hufschuhe; Kunststoff-Klebeschuhe) im Gelände geritten.

Anhang

🟠 Anhang

Lexikon der Fachbegriffe

Aderlass

Im Altertum und Mittelalter eingesetzte Heil-methode (Schnittöffnung der Vene). In der Human-medizin wird der Aderlass, auch Venenpunktion genannt, Heute noch angewendet bei Eisen-mangel im Blut, bei Störungen des Porphyrinstoff-wechsels, bei Lungenödem und als Austausch-funktion (Transfusion).

Amylase

Ein in Pflanzen und der Bauchspeicheldrüse vor-kommendes Enzym. »Entschlichtungsmittel«; Ab-bau von Stärke und Glycogen.

Antimon

Halbmetall der 5. Hauptgruppe des Periodensys-tems. Tritt in zwei Modifikationen auf, graues Antimon als silberweißes, sprödes, pulvriges Metall oder schwarzes Antimon, amorph. Ähnlich toxisch wie Arsenverbindungen. Anwendung als anorganische Salze im Mittelalter bei verschiede-nen Indikationen, heute als Chemotherapeutika bei Tropenkrankheiten, Neurosen, Haut- und Herzkrankheiten. Schon seit 2500 v.Chr. bekannt bei Babyloniern, Ägyptern und Chinesen.

Assimilation, Assimilate

Die Umwandlung des von einem Lebewesen aufgenommenen Nahrungsstoffs, besonders bei Pflanzen die Überführung von Anorganischem ins Organische. Der wichtigste Fall der pflanzlichen Assimilation ist die Kohlenstoff-Assimilation. Hierbei werden aus dem Kohlendioxyd der Luft unter Hinzunahme von Wasser und Abscheidung von Sauerstoff Zucker oder Stärke als Assimilate gebildet.
Fruktane (wasserlösliche, leicht vergärbare Koh-lenhydrate) sind die Speicherform der Assimilate in den Futtergräsern und befinden sich im Zellsaft der Stängel. Dagegen ist die Speicherform der Assimilate bei kleeartigen Gräsern die Stärke.

Chloroplasten

In Pflanzenzellen vorhandene kugelig-abgeplat-tete Farbstoffträger, die das Chhlorophyll binden.

Depotkortikoide

Erfolgt durch parallele Anwendung von chemisch oder physikalisch modifizierten und dadurch langsamer resorbierbaren Wirkstoffen (= Depot-arzneiformen, Retardarzneiformen).

Eiweißstoffe / Proteine

Vorkommen in Getreide, Grünfutter, Silagen und Zusatzfuttermitteln.Eiweiß dient vornehmlich als Baustoff, aber auch als Brennstoff. Er wird in Form von Aminosäuren aufgenommen.

Empirisch

Erprobt, erfahrungsgemäß

Endotoxine

Die Aufnahme einer großen Menge an Koh-lenhydraten (aus Getreide) verändert nachweislich die Bakterienflora im Zäkum. Es kommt zu einer Zunahme der milchsäureproduzierenden Bakte-rien (Lactobacillus und Streptococcus). Die Zu-nahme der Milchsäure und der Abfall des pH-Wertes schädigen die Zellwände der grammnega-tiven Bakterien, wodurch Endotoxine freigesetzt werden, in das Blutgefäßsystem übergehen und Hufrehe auslösen kann.

Enzyme (Fermente)

In der lebenden Zelle erzeugte besondere Eiweiß-stoffe mit spezifischen Wirkgruppen, die als Kata-lysatoren biochemische Reaktionen auslösen, zu beschleunigen und zu lenken vermögen. Vitamine stellen einen ausreichenden Enzym-Bestand für die Aufrechterhaltung des Stoffwechsels sicher.

Fette

Pflanzenfette als Teilersatz von stärkehaltigem Getreidefutter

Gärung

Abbau von Kohlenhydraten zu niedermolekularen Verbindungen (Äthylalkohol, Essigsäure = ste-chender Geruch). CO_2 – Bildung: Hefen + gärfähi-ger Zucker = Gärgas

Heparin

Gerinnungshemmend wirkendes Mucopolysaccha-rid. Wird aus der Leber gewonnen und verhindert im Blut die Bildung des Gerinnungsferments Thrombin; wird in der Humanmedizin als Throm-bose verhütendes Mittel angewendet.

Hufbeinsenkung / Hufbeinrotation

Das Absinken des Hufbeinknochens aufgrund entzündlicher Vorgänge und anschließender Ge-webeschäden. Geringes Absinken in leichten Rehefällen, Rotation (Drehung) des Hufbeinge-lenks mit Absinken der Hufbeinspitze im fortge-schrittenen Hufrehestadium sowie auch eine Kom-bination aus Rotation und Senkung.

Kohlenhydrate

Organische Verbindungen, zu den z.B. die Zucker-arten (Glucose, Fructose), Stärke, Zellulose, Gly-kogen und Inulin gehören.

Eiweißarmes, kohlenhydratreiches Futtermittel: Mais.

Kohlenhydrate werden verdaut, als Einfachzucker übernommen und zu tierischer Stärke (Glukose) aufgebaut. Diese dient direkt als Energiequelle. Überschüsse werden als Depot gespeichert (Fett-ansatz).

Kolon

Grimmdarm; Bestandteil des Dickdarms

Laktation

Milchabsonderung bei Stuten nach der Fohlen-geburt

Maissilage / Corn-Cob-Mix

Maissilage und CCB (Corn-Cob-Mix) sind Silier-produkte des Maiskolbens und von Getreide-sorten, die mit Hilfe der Milchsäuregärung kon-serviert beziehungsweise haltbar gemacht wird. Inhalt von Stärke in Gramm pro Kilogramm Trockensubstanz: CCM 650g/kg TS und Maissilage 330g/kg TS. Bei Luftkontakt Neigung zur Nach-gärung mit der Folge Bildung von Koliken/ Durchfällen. Werden drei Kilogramm Maissilage pro 100 Kilogramm Lebendmasse verfüttert, gelangen 350 Gramm reine Maisstärke in den Blinddarm, bei der gleichen Menge CCM sogar zwei Kilogramm Stärke.

Phenylbutazon

Antirheumatikum, wegen seiner Nebenwirkungen nur zur Kurzbehandlung anwendbar. In der Vete-rinärmedizin als Na-Salz allein oder in Kombina-tion mit Aminophenazon zur Therapie von Arthri-tiden, Neuralgien und Myalgien besonders bei Pferd und Hund.

Rivanol

Wirkstoff: Ethacridinlactat. Anwendung als Wunddesinfiziens und Munddesinfektion. Lokale Spülung von Wunden und Körperhöhlen

Schimmelpilze

z.B. Alternaria, Aspergillus, Cladosporum oder Penicillium (Pinselschimmel). Führen zu Allergien und anderen Erkrankungen.

Sedierung

Beruhigung durch betäubende Medikamente, die örtlich – bei Lahmheiten an den Beinen – in die Arterien gespritzt werden, wo sie sich in den geschädigten Kapillargebieten verbreiten und die Nervenfunktionen beruhigen (Schmerzrückgang).

Shunts

Shunts (engl.: = Weiche, Nebenanschluss). Neubildung von Gefäßen, über die das arterielle, sauerstoffreiche Blut in das venöse, zum Herz zurückfließende Blut übergeht. Grund ist eine »Verriegelung« der Arteriolen und Venolen infolge Gefäßverengung durch Prostaglandine (Ischämie).

Zehenseitenarterien

Seitlich an den Beinen befindliche Adern (zwischen Fesselbein und Röhrbein am Vorderhuf), an denen der Puls mit zwei Fingern gefühlt werden kann. Arterien transportieren das Blut vom Herzen weg und hin zu Geweben und Organen. Sie lösen sich in immer feinere Äste auf bis zu den Kapillaren, aus denen die Venen hervorgehen, die sich zu immer größer werdenden Stämmen sammeln und das Blut zum Herzen zurückführen.

Produkthersteller / Institute / Weiterbildung (Auswahl)

Appels Wilde Samen GmbH
Öko-Landbau-Zentrum
Brandschneise 2
D-64295 Darmstadt
Tel. (Samen): 06151/9292-13
samen@appelswilde.de
www.appelswilde.de

BESW Akademie/Hufakademie
Gewerbegebiet Achen 7
D-83137 Schonstett
Tel.: 08055/189478
info@besw.de
www.besw.de

Dallmer-Cuff (Klebeschuh)
Dallmer GmbH & Co KG,
Abteilung Hufschuhe
Alte Landstr. 3
D-21376 Salzhausen
Tel.: 04172/5100
www.hufschuh.de

Der Hufpflegeshop
Easyboot RX und
Equine Fusion Joggingschuh
Jürgen Schlenger
Mühlwiesenstr. 18
D-55743 Kirschweiler
Tel.: 06781/939383
js@der-hufpflegeshop.de
www.der-hufpflegeshop.de

Deutsche Saatveredelung AG
Weissenburger Str. 5
D-59557 Lippstadt
Tel.: 02941/2960
www.dsv-saaten.de

Gesellschaft der Huf- und Klauenpflege e.V.
GdHK Geschäftsstelle
Lahnstraße 28
D-56370 Kördorf
Tel.: 0700/43454636
mail@gdhk.org
www.gdhk.org

Das Barhuf-Institut
Stechendorf 32
D-96142 Hollfeld
Tel.: 09274/9099959
info@naturhuf.com
www.naturhuf.com

Greenguard-Fressmaulkorb
Nordic-Medica GmbH
Röntgenstr. 3
D-23701 Eutin
kontakt@nordic-medica.de
www.greenguard.de

**Info & Vertrieb »Laminitis-Ex
Paket«, Kühlgamaschen, Kühlglocken
(recoolx®cool legs), Rehe-Set,
Klebebeschläge, Klebeschalen, Pyrometer
Hippoplast S.A.R.L**
9, Rue de Bitche
F-57720 Breidenbach
Tel.: 0033/387966718
kontakt@hippoplast.de
www.hippoplast.de

**Kühlgamaschen/Kühlglocken
Tex2recool GmbH**
Lindenstraße 6
D-49586 Neuenkirchen
Tel.: 05465/203180
E-Mail: info@recoolx.de
www.recoolx.de

**Vertrieb Kühlgamaschen/Kühlglocken
Busse Sportartikel GmbH & Co. KG**
Industriering 2
D-49393 Lohne
Tel.: 04442/9369-0
info@busse-reitsport.de
www.busse-reitsport.de

**Sigafoos Hufschuhe
Horsetec AG**
Hornusstr. 5
CH-5079 Zeihen
Tel.: 0041/628762000

**PM Pferde-Schwinglifter
Michael Puhl
Hufbeschlag-Schmiede GmbH**
Prof.-Peter-Wust Straße 32a
D-66679 Losheim am See/Rissenthal
Tel.: 06832/475
info@PMHuftechnik.de
www.Pferde-Schwinglifter.de

**Saatmischungen für Pferdeweiden
Feldsaaten Freudenberger GmbH & Co KG**
D-47812 Krefeld
Postfach 104
Tel.: 02151/44170
www.freudenberger.net